高职高专"十二五"规划教材

电 工 基 础

主　编　郑毛祥　杨大丽
副主编　余海潮　魏　颖　余　辉
主　审　李　伟

U0278973

华中科技大学出版社
中国·武汉

内 容 简 介

　　本书共分七章,内容包括:电路的基本定律与基本分析方法、直流电路的一般分析、正弦交流电路、三相交流电路、非正弦周期电流电路、磁路与变压器电路、动态电路的时域分析等。书中各章附有小结、丰富的思考题和习题,便于学生练习、掌握和巩固所学知识。

　　本书既可作为高职高专院校的教材,也可作为相关工程技术人员的参考书。

图书在版编目(CIP)数据

电工基础/郑毛祥,杨大丽主编.—武汉:华中科技大学出版社,2013.8(2023.9　重印)
ISBN 978-7-5609-9155-9

Ⅰ.①电…　Ⅱ.①郑…　②杨…　Ⅲ.①电工学-高等职业教育-教材　Ⅳ.①TM1

中国版本图书馆 CIP 数据核字(2013)第 132179 号

电工基础　　　　　　　　　　　　　　　　　　　　　郑毛祥　杨大丽　主编

策划编辑:周芬娜
责任编辑:周芬娜　李　琴
封面设计:范翠璇
责任校对:马燕红
责任监印:周治超
出版发行:华中科技大学出版社(中国·武汉)
　　　　　武昌喻家山　　邮编:430074　　电话:(027)81321913
录　　排:武汉市洪山区佳年华文印部
印　　刷:武汉科源印刷设计有限公司
开　　本:787mm×1092mm　1/16
印　　张:10.75
字　　数:320 千字
版　　次:2023 年 9 月第 1 版第 6 次印刷
定　　价:30.00 元

华中出版

前　言

　　本教材贯彻落实"全国职业教育工作会议"精神,以"必须、够用、实用、好用"为原则,克服理论课内容偏深、偏难的弊端,根据高等职业技术教育教学改革的目的和要求,针对高职高专生源的特点而编写,其宗旨是:促职业教育改革,助技能人才培养。本教材的编写指导思想是:贯彻党的教育方针,依据《中华人民共和国职业教育法》的规定和《国家职业标准》的要求,更新教学内容,突出技能培训,强化创新能力的培养,以培养具备较宽理论基础和复合型技能的人才,使培养的人才适应科技进步、经济发展和市场的需要为目标。

　　在教材的编写过程中,注重反映新知识、新技术、新工艺和新方法,体现科学性、实用性、代表性和先进性,正确处理了理论知识与技能的关系,侧重于培养学生的自学能力、分析能力、实践能力、综合应用能力和创新能力。书中各章附有丰富的思考题和习题,便于练习、掌握和巩固所学知识。教材的价值在于兼顾了学习理论知识与通过职业技能鉴定考试两种要求。

　　本教材共分七章,基本内容包括:电路的基本定律与基本分析方法、直流电路的一般分析、正弦交流电路、三相交流电路、非正弦周期电流电路、磁路与变压器电路、动态电路的时域分析。

　　本教材由武汉铁路职业技术学院郑毛祥、杨大丽任主编,余海潮、魏颖、余辉任副主编,彭耘参与了本书的部分编写工作,李伟任主审。全书由郑毛祥统稿完成。

　　本教材在编写过程中,查阅和参考了众多文献资料,得到了许多教益和启发,对这些文献、资料的作者表示感谢。同时,本书的编写得到了学校各级领导的重视和支持,参加教材编审的人员均为学校的教学骨干,保证了本教材的编写能够按计划有序地进行,并为编好教材提供了良好的技术保证,在此一并表示衷心的感谢。

　　虽然编者在主观上力求谨慎从事,但限于时间和学识、经验,书中疏漏之处仍恐难免,恳请广大同行和读者不吝赐教,以便今后修改、提高。

编　者

2013 年 6 月

目　　录

第1章　电路的基本定律与基本分析方法 ……………………………………………… (1)

　1.1　电路的基本组成和电路模型 ………………………………………………………… (1)

　　　1.1.1　电路的基本组成 ……………………………………………………………… (1)

　　　1.1.2　理想电路元件和电路模型 …………………………………………………… (1)

　　　1.1.3　电压和电流的参考方向 ……………………………………………………… (2)

　　　练习与思考 …………………………………………………………………………… (3)

　1.2　电阻元件 ……………………………………………………………………………… (3)

　　　1.2.1　线性电阻 ……………………………………………………………………… (3)

　　　1.2.2　欧姆定律 ……………………………………………………………………… (4)

　　　1.2.3　电功率与电能 ………………………………………………………………… (4)

　　　练习与思考 …………………………………………………………………………… (6)

　1.3　线性电阻元件的串联、并联与混联 ………………………………………………… (6)

　　　1.3.1　线性电阻元件的串联 ………………………………………………………… (6)

　　　1.3.2　线性电阻元件的并联 ………………………………………………………… (8)

　　　1.3.3　线性电阻元件的混联 ………………………………………………………… (9)

　　　练习与思考 …………………………………………………………………………… (12)

　1.4　电源有载工作、开路与短路 ………………………………………………………… (13)

　　　1.4.1　电源有载工作 ………………………………………………………………… (13)

　　　1.4.2　电源开路 ……………………………………………………………………… (13)

　　　1.4.3　电源短路 ……………………………………………………………………… (14)

　　　练习与思考 …………………………………………………………………………… (14)

　1.5　基尔霍夫定律 ………………………………………………………………………… (14)

　　　1.5.1　基尔霍夫电流定律 …………………………………………………………… (15)

　　　1.5.2　基尔霍夫电压定律 …………………………………………………………… (15)

　　　练习与思考 …………………………………………………………………………… (16)

　1.6　电源的两种模型及其等效变换 ……………………………………………………… (17)

　　　1.6.1　电压源模型 …………………………………………………………………… (17)

　　　1.6.2　电流源模型 …………………………………………………………………… (18)

　　　1.6.3　受控源 ………………………………………………………………………… (18)

　　　1.6.4　电源两种模型之间的等效变换 ……………………………………………… (20)

　　　练习与思考 …………………………………………………………………………… (22)

　本章小结 …………………………………………………………………………………… (22)

习题一 ……………………………………………………………………… (24)

第 2 章　直流电路的一般分析 …………………………………………… (26)

2.1　支路电流法 ………………………………………………………… (26)

　　练习与思考 ………………………………………………………… (27)

2.2　回路电流法 ………………………………………………………… (28)

　　练习与思考 ………………………………………………………… (31)

2.3　节点电位法 ………………………………………………………… (31)

　　2.3.1　电路中电位的概念及计算 ………………………………… (31)

　　2.3.2　节点电位法 ………………………………………………… (33)

　　练习与思考 ………………………………………………………… (34)

2.4　叠加定理 …………………………………………………………… (35)

　　2.4.1　叠加定理的定义 …………………………………………… (35)

　　2.4.2　叠加定理的应用 …………………………………………… (35)

　　练习与思考 ………………………………………………………… (37)

2.5　戴维宁定理和诺顿定理 …………………………………………… (37)

　　2.5.1　戴维宁定理 ………………………………………………… (37)

　　2.5.2　利用戴维宁定理的解题步骤 ……………………………… (38)

　　2.5.3　诺顿定理及其应用 ………………………………………… (40)

　　练习与思考 ………………………………………………………… (41)

本章小结 …………………………………………………………………… (41)

习题二 ……………………………………………………………………… (42)

第 3 章　正弦交流电路 …………………………………………………… (46)

3.1　正弦交流电的基本概念 …………………………………………… (46)

　　3.1.1　正弦量的参考方向 ………………………………………… (46)

　　3.1.2　正弦量的三要素 …………………………………………… (46)

　　3.1.3　同频率正弦量的相位差 …………………………………… (49)

　　练习与思考 ………………………………………………………… (49)

3.2　正弦量的相量表示法 ……………………………………………… (50)

　　3.2.1　复数的相关知识 …………………………………………… (50)

　　3.2.2　正弦量的相量表示法 ……………………………………… (51)

　　练习与思考 ………………………………………………………… (52)

3.3　单一参数的正弦交流电路 ………………………………………… (53)

　　3.3.1　电阻元件的交流电路 ……………………………………… (53)

　　3.3.2　电感元件的交流电路 ……………………………………… (54)

　　3.3.3　电容元件的交流电路 ……………………………………… (56)

　　练习与思考 ………………………………………………………… (58)

3.4　基尔霍夫定律的相量形式 ………………………………………… (59)

　　3.4.1　基尔霍夫电流定律的相量形式 …………………………… (59)

　　　3.4.2　基尔霍夫电压定律的相量形式 ………………………………(59)
　　　　　练习与思考 ……………………………………………………………(60)
　3.5　RLC 串联电路及复阻抗 …………………………………………………(60)
　　　　　练习与思考 ……………………………………………………………(64)
　3.6　RLC 并联电路及复导纳 …………………………………………………(64)
　　　　　练习与思考 ……………………………………………………………(66)
　3.7　二端网络的功率 …………………………………………………………(67)
　　　3.7.1　瞬时功率 ……………………………………………………………(67)
　　　3.7.2　有功功率（平均功率）和功率因数 ………………………………(67)
　　　3.7.3　无功功率 ……………………………………………………………(68)
　　　3.7.4　视在功率 ……………………………………………………………(69)
　3.8　功率因数的提高 …………………………………………………………(70)
　3.9　串联谐振电路 ……………………………………………………………(72)
　　　3.9.1　串联谐振的条件 ……………………………………………………(72)
　　　3.9.2　串联谐振的特点 ……………………………………………………(74)
　　　3.9.3　串联谐振的谐振曲线 ………………………………………………(75)
　　　　　练习与思考 ……………………………………………………………(76)
　3.10　并联谐振电路 …………………………………………………………(76)
　　　3.10.1　并联谐振的条件 …………………………………………………(76)
　　　3.10.2　并联谐振的特点 …………………………………………………(77)
　　　　　练习与思考 ……………………………………………………………(78)
　本章小结 …………………………………………………………………………(78)
　习题三 ……………………………………………………………………………(81)
第4章　三相交流电路 ……………………………………………………………(84)
　4.1　三相电源电路 ……………………………………………………………(84)
　　　4.1.1　三相电源 ……………………………………………………………(84)
　　　4.1.2　三相电源的星形连接 ………………………………………………(85)
　　　　　练习与思考 ……………………………………………………………(86)
　4.2　三相负载的连接 …………………………………………………………(86)
　　　4.2.1　三相负载的星形连接 ………………………………………………(87)
　　　4.2.2　三相负载的三角形连接 ……………………………………………(89)
　　　　　练习与思考 ……………………………………………………………(91)
　4.3　三相电路功率及测量 ……………………………………………………(91)
　　　4.3.1　有功功率 ……………………………………………………………(91)
　　　4.3.2　无功功率 ……………………………………………………………(92)
　　　4.3.3　视在功率 ……………………………………………………………(92)
　　　4.3.4　电功率的测量 ………………………………………………………(92)
　　　　　练习与思考 ……………………………………………………………(95)

4.4　安全用电 ···（95）

　　4.4.1　电流对人体的危害 ···（95）

　　4.4.2　触电形式 ···（96）

　　4.4.3　接地和接零 ···（97）

　　练习与思考 ···（99）

本章小结 ···（99）

习题四 ···（101）

第 5 章　非正弦周期电流电路 ···（103）

5.1　非正弦周期信号及其频谱分析 ···（103）

　　5.1.1　非正弦周期信号 ··（103）

　　5.1.2　非正弦信号的合成与分解 ··（104）

　　5.1.3　非正弦周期信号的频谱 ··（107）

　　练习与思考 ···（107）

5.2　非正弦周期信号的有效值、平均值和功率 ····································（108）

　　5.2.1　非正弦周期信号的有效值 ··（108）

　　5.2.2　非正弦周期信号的平均值 ··（109）

　　5.2.3　平均功率 ···（109）

　　练习与思考 ···（110）

5.3　非正弦周期电路的计算 ··（111）

　　练习与思考 ···（112）

本章小结 ···（113）

习题五 ···（114）

第 6 章　磁路与变压器电路 ···（116）

6.1　磁场的基本物理量与铁磁材料 ···（116）

　　6.1.1　磁场的基本知识 ··（116）

　　6.1.2　磁场的基本物理量 ···（116）

　　6.1.3　铁磁材料 ···（118）

　　练习与思考 ···（120）

6.2　磁路及磁路定律 ··（120）

　　6.2.1　磁路 ···（120）

　　6.2.2　磁路定律 ···（120）

　　练习与思考 ···（123）

6.3　自感与互感 ··（123）

　　6.3.1　自感 ···（123）

　　6.3.2　互感 ···（124）

　　练习与思考 ···（126）

6.4　变压器的结构及工作原理 ··（127）

　　6.4.1　变压器的结构 ··（127）

　　　6.4.2　变压器的工作原理 ………………………………………………（128）

　　　练习与思考 …………………………………………………………………（130）

　6.5　变压器的工作特性 …………………………………………………………（130）

　　　6.5.1　变压器的功率 …………………………………………………………（130）

　　　6.5.2　变压器的损耗与效率 …………………………………………………（130）

　　　6.5.3　变压器的外特性 ………………………………………………………（131）

　　　6.5.4　变压器的额定值 ………………………………………………………（131）

　　　练习与思考 …………………………………………………………………（132）

　6.6　其他变压器 …………………………………………………………………（132）

　　　6.6.1　三相变压器 ……………………………………………………………（132）

　　　6.6.2　小功率电源变压器 ……………………………………………………（132）

　　　6.6.3　自耦变压器 ……………………………………………………………（133）

　　　6.6.4　电流互感器 ……………………………………………………………（133）

　　　练习与思考 …………………………………………………………………（133）

　本章小结 …………………………………………………………………………（134）

　习题六 ……………………………………………………………………………（135）

第7章　动态电路的时域分析 ……………………………………………………（137）

　7.1　换路定律 ……………………………………………………………………（137）

　　　7.1.1　过渡过程的概念 ………………………………………………………（137）

　　　7.1.2　换路定律 ………………………………………………………………（137）

　　　7.1.3　初始值的计算 …………………………………………………………（138）

　　　练习与思考 …………………………………………………………………（140）

　7.2　一阶电路的零输入响应 ……………………………………………………（140）

　　　7.2.1　RC 电路的零输入响应 ………………………………………………（140）

　　　7.2.2　RL 电路的零输入响应 ………………………………………………（143）

　　　练习与思考 …………………………………………………………………（145）

　7.3　一阶电路的零状态响应 ……………………………………………………（145）

　　　7.3.1　RC 电路的零状态响应 ………………………………………………（145）

　　　7.3.2　RL 电路的零状态响应 ………………………………………………（147）

　　　练习与思考 …………………………………………………………………（149）

　7.4　一阶电路的全响应 …………………………………………………………（149）

　　　7.4.1　一阶电路的全响应 ……………………………………………………（149）

　　　7.4.2　用叠加定理求一阶电路的全响应 ……………………………………（150）

　　　练习与思考 …………………………………………………………………（151）

　7.5　一阶电路的三要素法 ………………………………………………………（152）

　　　7.5.1　一阶电路的三要素法 …………………………………………………（152）

　　　7.5.2　用三要素法求正弦激励下一阶电路的全响应 ………………………（154）

　　　练习与思考 …………………………………………………………………（155）

7.6　微分电路和积分电路 ……………………………………………………（155）

　　7.6.1　微分电路 ………………………………………………………（155）

　　7.6.2　积分电路 ………………………………………………………（156）

　　练习与思考 ……………………………………………………………（157）

本章小结 …………………………………………………………………………（157）

习题七 ……………………………………………………………………………（158）

第1章　电路的基本定律与基本分析方法

本章以电阻电路为例,介绍电路的基本定律和分析方法。首先讨论电压和电流的参考方向、基尔霍夫定律、电路的三种基本工作状态,在应用基本定律的基础上,再讨论复杂电路等效变换。

1.1　电路的基本组成和电路模型

1.1.1　电路的基本组成

当今时代,电气科学技术迅猛发展,各种各样的电路比比皆是。电路的功能各异,结构的复杂程度也千差万别。图 1.1.1 是普通照明电路,其结构就十分简单,而像大型电网、彩色电视机内部、计算机内部的电路等结构就相当复杂。但无论电路的功能是什么,也不管其结构是简单还是复杂,电路一般都由三个基本部分组成。

图 1.1.1　一个简单照明电路

(1) 电源,如电池、发电机、电力部门提供给用户的交流电源等。要使一个电路能连续而稳定地运行,电源是不可缺少的。

(2) 负载,各种用电设备统称为负载。人们设计一个电路并付诸实施都是为了让电路完成一定的功能,而功能是通过负载实现的,如灯泡内的灯丝在通电后被加热至发光,电动机通电后可带动机械设备运转,电视显像管将电的信号转换成图像等。

(3) 中间环节,指从电源到负载的部分。导线和开关是一个极为简单的中间环节。在一些大型复杂电路中,中间环节本身可能也是由一个比较复杂的电路组成的。中间环节起着传输、分配、处理和控制电能或电信号等作用。

1.1.2　理想电路元件和电路模型

凡能维持电流流动并能在其端钮间保持电压的物体称为电路器件。电路器件种类繁多,如图 1.1.1 中的电池、灯泡等就是简单的电路器件。在电路中,即使一个很简单的电路器件,其中进行的电磁过程都相当复杂,一般都伴有电能的消耗、磁场能量的存储和电场能量的存储等三种过程或现象。一方面,这些过程或现象互相缠绕在一起,不可分离。这样,要直接对由实际电路器件组成的电路进行理论分析是极为困难的,甚至是不可能的;另一方面,在一个电路器件上这些过程或现象所表现的强弱程度并不是均衡的,在一定条件下,某一过程或现象表现得比较强,处于主导地位,决定事物的本质,另外的过程或现象表现得比较弱,处于次要地位,即使将其忽略也无碍大局。这就说明,在一定条件下可对实际电路器件加以近似。

为了对电路进行理论分析(建立电路的数学模型),就有必要对实际电路器件加以理想化。所谓理想电路元件(简称电路元件),是指只具备单一的电磁性质的元件,例如,元件只具有电能的消耗性质,或只具有磁场能量的存储性质,或只具有电场能量的存储性质等。

　　建立各种理想电路元件的模型以后,对于实际的电路器件,可以根据其具体的运行条件、用恰当的理想电路元件的组合去近似。例如,在图 1.1.1 所示的普通照明电路中,电池的主要特性是通过维持其正、负极间一定的电压来为电路提供电能,再考虑到电池两极间的电压在带上负载后比未带负载时有所下降,这样电池的特性可以用一理想电压源和一理想电阻元件的串联近似表示,如图 1.1.2(a)所示。灯泡的主要工作原理是电流通过灯丝时使灯丝发热至白炽状态,可以用一理想电阻元件近似表示。连接导线和开关主要是构成电路的通路,可用理想导线和理想开关表示。这样图 1.1.1 所示的实际电路就可以用图 1.1.2(b)所示的由理想电路元件互相连接的电路近似表示。这种由理想电路元件互相连接组成的电路称为电路模型。由于理想电路元件都是通过数学模型加以定义的,所以就能对电路模型建立相应的数学模型,例如,对图 1.1.2(b)所示电路,标注电流 I 的方向后可写出电路的电压、电流方程为

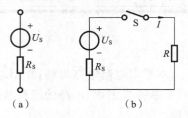

图 1.1.2　图 1.1.1 电路的电路模型

$$RI + R_s I = U_s$$

　　从图 1.1.1 所示的实际电路得出了它的电路模型,但反过来,对图 1.1.2(b)所示的电路模型的理论分析结果,就不仅仅只说明图 1.1.1 所示的实际电路的情况,也能用于讨论其他简单耗能实际电路的问题。电路理论中讨论的电路都是电路模型。

1.1.3　电压和电流的参考方向

　　关于电压和电流的方向,有实际方向和参考方向之分。

　　电路中的带电粒子在电源作用下作规则的定向运动从而形成电流,其大小等于单位时间内通过导体横截面的电荷量,即

$$i = \frac{\mathrm{d}q}{\mathrm{d}t} \tag{1.1.1}$$

　　在国际单位制中,电流的单位是安培(库仑/秒),简称"安",用符号"A"表示。另外还有毫安(mA)、微安(μA),它们的换算关系如下。

$$1\ \mathrm{A} = 10^3\ \mathrm{mA} = 10^6\ \mu\mathrm{A}$$

　　若电流的大小和方向都不随时间变化,则称为直流电流,用符号"I"表示;若电流的大小和方向都随时间变化,则称为交流电流,用符号"i"表示。

　　既然电流是由带电粒子作规则的定向运动而形成的,那么电流就是一个既有大小,又有方向的物理量。

　　习惯上规定正电荷运动的方向(或负电荷运动的反方向)为电流的实际方向,用"→"表示。但分析复杂电路时很难确定电流的实际方向,这就要求先任意设定一个方向作为电流的参考方向。当电流的实际方向与所选定的电流参考方向一致时,电流为正值;当电流的实际方向与所选定的电流参考方向相反时,电流为负值。如图 1.1.3 所示,实线箭头表示电流参考方向,虚线箭头表示电流实际方向。可见,在参考方向选定后,电流就有正、负之分。分析与计算电路时,一定要在电路中标出电流的参考方向。

　　电压是描述电场力对电荷做功的物理量。a、b 两点之间的电压 U_{ab},在数值上就等于电场力将单位正电荷从 a 点移到 b 点所做的功。

图 1.1.3　电流的参考方向

电动势是用来表示电源移动电荷做功的物理量。电源的电动势 E_{ba}，在数值上等于电源把单位正电荷从负极 b（低电位）经由电源内部移到电源的正极 a（高电位）所做的功。

在国际单位制中，电压和电动势的单位都是伏特，简称"伏"，用大写字母"V"表示。另外还有千伏（kV）、毫伏（mV）和微伏（μV），它们的换算关系如下。

$$1 \text{ kV} = 10^3 \text{ V}, \quad 1 \text{ V} = 10^3 \text{ mV} = 10^6 \text{ } \mu\text{V}$$

电压的实际方向规定为由高电位（"＋"极性）端指向低电位（"－"极性）端，即电位降低的方向。电源电动势的实际方向规定为在电池内部由低电位（"－"极性）端指向高电位（"＋"极性）端，即为电位升高的方向。和电流一样，在较为复杂的电路中，往往也无法先确定它们的实际方向（或者极性）。因此，在电路图上所标出的也都是电压和电动势的参考方向。电压的参考方向用"＋"、"－"极性表示，从"＋"端指向"－"端；或用双下标表示，如 U_{ab}，它的参考方向是从"a"端指向"b"端。若参考方向与实际方向一致，则其值为正；若参考方向与实际方向相反，则其值为负。

在分析电路时，原则上参考方向是可以任意选择的，如果设电流的参考方向与电压的参考方向一致，这样设定的参考方向称为相关联参考方向，如图 1.1.4（a）所示，电流的参考方向是由电压的高电位流向低电位的。如果设电流的参考方向与电压的参考方向不一致，则这样设定的参考方向称为非关联参考方向，如图 1.1.4（b）所示。

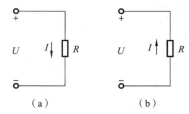

图 1.1.4　电压、电流的参考方向

练习与思考

1.1.1　电路由哪几个部分组成？试简述各部分的作用。

1.1.2　何谓电路模型？

1.1.3　为什么要引入电压、电流的参考方向？参考方向与实际方向有何区别和联系？

1.1.4　何谓关联参考方向？

1.2　电 阻 元 件

1.2.1　线 性 电 阻

电阻元件是表征电路中电能消耗的理想元件。一个电阻器有电流通过时，若只考虑它的主要因素——热效应，忽略它的次要因素——磁效应，即成为一个理想电阻元件。电阻元件上电压和电流之间的关系称为伏安特性。如果电阻元件的伏安特性曲线在 u-i 平面上是一条通过坐标原点的直线，则称为线性电阻，简称电阻。线性电阻的图形符号、电阻上电压与电流的参考方向如图 1.2.1 所示。

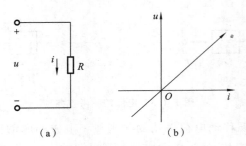

图 1.2.1　电阻元件

1.2.2　欧姆定律

欧姆定律是电路的基本定律之一,它的内容是:流过线性电阻的电流与电阻两端的电压成正比。在图 1.2.2 所示的电路中:

当电压和电流的参考方向一致时(见图 1.2.2(a)和图 1.2.2(d)),

$$U=IR \tag{1.2.1}$$

当电压和电流的参考方向相反时(见图 1.2.2(b)和图 1.2.2(c)),

$$U=-IR \tag{1.2.2}$$

在电压 U 一定的情况下,电阻 R 越大,则电流越小。可见,电阻具有对电流起阻碍作用的物理性质。

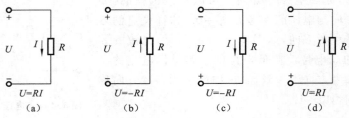

图 1.2.2　欧姆定律

在图 1.2.2 中,由于电阻元件的端电压和电流的参考方向不同,故在欧姆定律的表达式中有正、负之分。

由以上分析可知,欧姆定律的表达式中包含了两套正、负号,一是表达式前面的正、负号,由 U 与 I 的参考方向是否一致决定;另外,电压 U 和电流 I 本身的值还有正、负之分。所以在使用欧姆定律进行计算时,必须注意这一点。

在国际单位制中,电阻的单位为欧〔姆〕(Ω)。当电路两端的电压是 1 V,通过的电流为 1 A 时,该段电路的电阻为 1 Ω。计量高阻值电阻时,则以千欧(kΩ)或兆欧(MΩ)为单位。它们的换算关系如下。

$$1 \text{ M}\Omega=10^3 \text{ k}\Omega=10^6 \text{ }\Omega$$

1.2.3　电功率与电能

电气设备在单位时间内消耗(实际是转换)的电能称为电功率,简称功率,用"p"表示,$p=ui$。

在直流电路中,如果 U 与 I 的参考方向一致,则

$$P=UI \tag{1.2.3}$$

如果 U 与 I 的参考方向相反,则

$$P = -UI \qquad (1.2.4)$$

功率也有正、负之分。功率的正、负表示了元件在电路中的作用不同。若功率为正值,则表明该元件是负载(如电阻),在电路中吸收功率(即将电能转换成其他形式的能量);若功率为负值,则表明该元件为电源,在电路中发出功率(即将其他形式的能量转换成电能)。

在同一个电路中,电源发出的总功率 P_E 和电路吸收的总功率 P_L 在数值上是相等的,这就是电路的功率平衡。即

$$P_E + P_L = 0 \qquad (1.2.5)$$

在国际单位制中,功率的单位是瓦[特](焦耳/秒),简称"瓦",用"W"表示,还有千瓦(kW)、毫瓦(mW)等单位。换算关系为

$$1 \text{ kW} = 10^3 \text{ W}, \quad 1 \text{ W} = 10^3 \text{ mW}$$

在时间 t 内消耗的电能为

$$W = Pt \qquad (1.2.6)$$

W 的单位是焦[耳](J)。工程上电能的计量单位为千瓦时(kW·h),1 千瓦时即 1 度电,1 度电与焦的换算关系为

$$1 \text{ kW·h} = 3.6 \times 10^6 \text{ J}$$

电阻消耗的电能全部转化为热能,是不可逆的能量转换过程。

【例 1.2.1】　在图 1.2.3 所示电路中,方框代表电路元件(电源或负载)。各元件的电压、电流方向如图所示。已知 $I_1 = -4$ A,$I_2 = 5$ A,$I_3 = 9$ A,$U_1 = -6$ V,$U_2 = 10$ V,$U_4 = -4$ V。试求:

(1) 各元件的功率大小,并判断其功率性质;

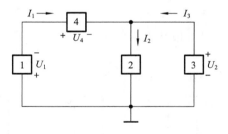

图 1.2.3　例 1.2.1 图

(2) 该电路功率是否平衡?

解　(1) 计算并判断各元件功率。

U_1 和 I_1 参考方向一致,则

$$P_1 = U_1 I_1 = -6 \times (-4) \text{ W} = 24 \text{ W} \quad (元件 1 为负载)$$

U_2 和 I_2 参考方向一致,则

$$P_2 = U_2 I_2 = 10 \times 5 \text{ W} = 50 \text{ W} \quad (元件 2 为负载)$$

U_2 和 I_3 参考方向相反,则

$$P_3 = -U_2 I_3 = -10 \times 9 \text{ W} = -90 \text{ W} \quad (元件 3 为电源)$$

U_4 和 I_1 参考方向一致,则

$$P_4 = U_4 I_1 = -4 \times (-4) \text{ W} = 16 \text{ W} \quad (元件 4 为负载)$$

（2）负载消耗的功率为

$$P_L = P_1 + P_2 + P_4 = 90 \text{ W}$$

电路产生的功率

$$P_E = P_3 = -90 \text{ W}$$

$$P_E + P_L = 0 \quad （功率平衡）$$

练习与思考

1.2.1 计算如图 1.2.4(a)所示电流 I 和图 1.2.4(b)所示电压 U_{AB}、U_{BC}、U_{CA}。

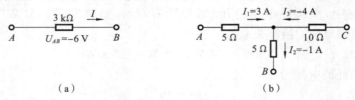

（a） （b）

图 1.2.4 题 1.2.1 图

1.2.2 试判断如图 1.2.5(a)、(b)所示的元件是发出功率还是吸收功率。

1.2.3 在图 1.2.6 所示的电路中，$R = 5 \text{ k}\Omega$，$U_{ab} = -10 \text{ V}$，求电流 I。

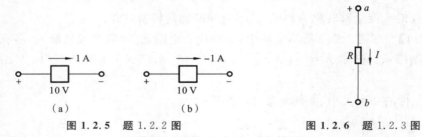

（a） （b）

图 1.2.5 题 1.2.2 图

图 1.2.6 题 1.2.3 图

1.2.4 一个电源的功率，也可用其电动势 E 和电流 I 相乘求得。试说明采用此方法计算的电源功率的正、负值的意义。

1.2.5 图 1.2.7 所示电路中，$U = -100 \text{ V}$，$I = 2 \text{ A}$，试问哪些方框是电源，哪些方框是负载？

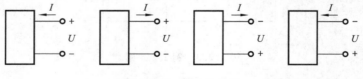

图 1.2.7 题 1.2.5 图

1.3 线性电阻元件的串联、并联与混联

1.3.1 线性电阻元件的串联

1. 串联的概念

将两个或两个以上的电阻元件首尾依次相连接组成二端电路，这种连接方式称为电阻的串联，如图 1.3.1(a)所示。

显然，通过各电阻的电流是相同的，即

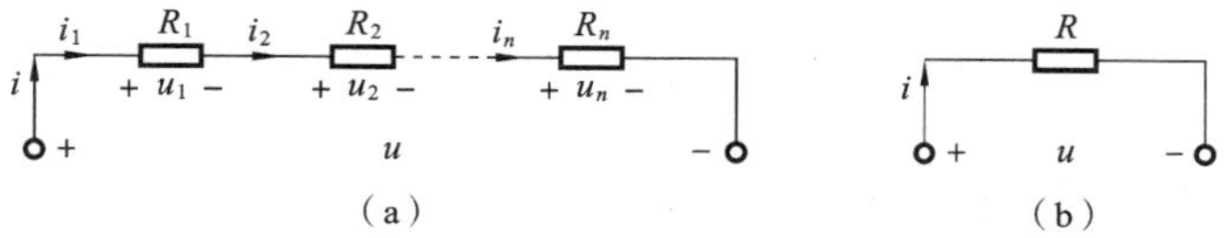

图 1.3.1　电阻元件的串联

$$i_1 = i_2 = \cdots = i_n = i$$

根据电阻元件特性,有

$$u = u_1 + u_2 + \cdots + u_n = R_1 i_1 + R_2 i_2 + \cdots + R_n i_n$$

得

$$u = (R_1 + R_2 + \cdots + R_n) i$$

2. 等效电阻

令

$$R = R_1 + R_2 + \cdots + R_n = \sum_{k=1}^{n} R_k \tag{1.3.1}$$

则

$$u = Ri$$

由上式可以作出对应的电路,如图 1.3.1(b)所示。由于图 1.3.1(a)和图 1.3.1(b)两个电路有完全相同的端口电压-电流关系,$u = Ri$,所以这两个电路是等效的。R 称为串联等效电阻。

3. 分压关系

在图 1.3.2 所示电路中,两个串联电阻的总电压为 u,流过同一电流 i,各个电阻的电压分别为

$$\begin{cases} u_1 = R_1 i = \dfrac{R_1}{R_1 + R_2} u \\[2mm] u_2 = R_2 i = \dfrac{R_2}{R_1 + R_2} u \end{cases} \tag{1.3.2}$$

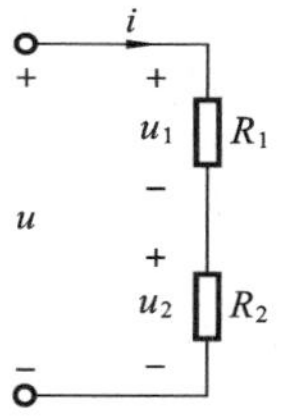

图 1.3.2　分压电路

上式表明:电阻串联时,各电阻上电压的大小与电阻大小成正比,常把这一关系称为正比分压。

4. 电阻串联的应用

在实际电路中,电阻串联是很常见的。例如,在负载的额定电压低于电源电压的情况下,可以在负载上串联一个电阻,以降低一部分电压。为了限制电路中电流过大,也通过串联电阻来实现,这个串联电阻称为限流电阻。

【例 1.3.1】　实用的直流电压表是由一种叫做磁电式的表头(测量机构)和线性电阻元件串联组成的。表头内的核心部分是一永久磁铁和位于磁场中的可动线圈,现有一直流电压表(图 1.3.3 中虚线框部分),其量程为 250 V,表头内阻和附加的串联电阻一起为 $r = 250$ kΩ。如果要用该电压表测量最高为 500 V 的电压,应当如何对电压表进行改造?

解　根据线性电阻元件串联连接时的分压关系,可以在原电压表的基础上串联一个线性电阻元件 R,如图 1.3.3 所示。R 上承受的最高电压为

$$U = (500 - 250) \text{ V} = 250 \text{ V}$$

所以,R 的阻值为

$$R = r = 250 \text{ kΩ}$$

除了串联电阻的电阻值外,还需考虑串联电阻器的允许功率,电阻允许功率若太小,则在电路中会被烧坏。

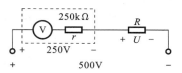

图 1.3.3　例 1.3.1 图

$$P_R \geqslant \frac{U^2}{R} = \frac{(250)^2}{250 \times 10^3} \text{ W} = 0.25 \text{ W}$$

1.3.2 线性电阻元件的并联

1. 并联的概念

将两个或者多个电阻连接在两个公共节点之间,组成二端电路的连接方式称为电阻元件的并联,如图 1.3.4(a)所示。

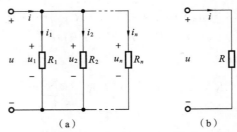

图 1.3.4 电阻元件的并联

电阻并联时,各电阻元件承受同一电压,即

$$u_1 = u_2 = \cdots = u_n = u$$

由电阻元件特性可知

$$i = i_1 + i_2 + \cdots + i_n = \frac{u_1}{R_1} + \frac{u_2}{R_2} + \cdots + \frac{u_n}{R_n}$$

即

$$i = \left(\frac{1}{R_1} + \frac{1}{R_2} + \cdots + \frac{1}{R_n} \right) u$$

2. 等效电阻或等效电导

令

$$\frac{1}{R} = \frac{1}{R_1} + \frac{1}{R_2} + \cdots + \frac{1}{R_n} = \sum_{k=1}^{n} \frac{1}{R_k} \tag{1.3.3}$$

则

$$i = \frac{u}{R}$$

由上式可以作出对应的电路图 1.3.4(b),它与图 1.3.4(a)互为等效电路。R 称为并联电路的等效电阻。式(1.3.3)表明,若干个电阻并联时,其等效电阻的倒数等于各并联电阻倒数之和。并联时,电阻元件的参数用电导 G 来表示更方便,等效电导为

$$G = G_1 + G_2 + \cdots + G_n = \sum_{k=1}^{n} G_k \tag{1.3.4}$$

3. 分流关系

在图 1.3.5 所示电路中,两个并联电阻的总电流为 i,两端的电压同为 u,显然,每个电阻的电流只是总电流的一部分,并联电阻电路具备对总电流的分流作用,分流关系为

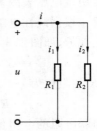

$$\begin{cases} i_1 = \frac{u}{R_1} = \frac{R_1 R_2}{R_1 + R_2} i \cdot \frac{1}{R_1} = \frac{R_2}{R_1 + R_2} i \\ i_2 = \frac{u}{R_2} = \frac{R_1 R_2}{R_1 + R_2} i \cdot \frac{1}{R_2} = \frac{R_1}{R_1 + R_2} i \end{cases} \tag{1.3.5}$$

上式表明,两个电阻并联时各电阻上电流的大小与电阻大小成反比,这一关系称为反比分流。

图 1.3.5 两个电阻并联

4. 电阻并联的应用

实际电路中负载的并联十分常见,例如,各种照明灯具、家用电器等都是并联接到电源上的。负载并联时,它们处于同一电压下,各负载基本上互不影响,便于单独进行检修。

【例 1.3.2】　求图 1.3.6(a)所示电路的等效电阻 R。

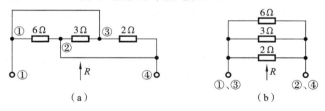

图 1.3.6　例 1.3.2 图

解　图中各电阻元件之间的连接关系不太直观。为了明确连接关系,可对电路中的节点和支路进行编号,然后在不改变各支路连接关系的前提下,对原电路进行整理和重画。如节点①和③用导线连接在一起可以合成一个节点;节点②和④用导线连接在一起也可以合成一个节点;整理后的电路如图 1.3.6(b)所示,图上 3 个电阻的连接关系就非常清楚了。所以

$$\frac{1}{R} = \frac{1}{6\ \Omega} + \frac{1}{3\ \Omega} + \frac{1}{2\ \Omega}$$

则

$$R = 1\ \Omega$$

【例 1.3.3】　有一测量微小电流的微安表,其量程 $I_g = 100\ \mu A$,内阻 $r_g = 100\ \Omega$,现通过在该表两端并联线性电阻元件以扩大量程,使它能测量最大为 $I = 10\ mA$ 的电流,如图 1.3.7 所示。求并联电阻元件 R 的大小。若需将量程扩大到原来的 n 倍,再求 R。

解　　$I_1 = I - I_g = (10 - 0.1)\ mA = 9.9\ mA$

由 $r_g I_g = R I_1$ 得

$$R = \frac{r_g I_g}{I_1} = \frac{100 \times 0.1}{9.9}\ \Omega = 1.01\ \Omega$$

实际选用电阻时,还要考虑电阻消耗的功率不应超过其允许值。

若需将量程扩大到原来的 n 倍,即 $I = n I_g$,则

$$I_1 = I - I_g = (n-1) I_g$$

$$R = \frac{r_g I_g}{I_1} = \frac{r_g}{n-1}$$

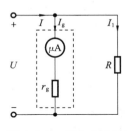

图 1.3.7　例 1.3.3 图

1.3.3　线性电阻元件的混联

电阻元件相互连接时如果既有串联又有并联,则称为混联,也称串并联。图 1.3.8 所示电路就是线性电阻元件混联的例子。

这里需要解决的问题仍是求二端电路的等效电阻,以及电路中各部分的电压、电流等问题。解决这个问题的方法之一是,运用线性电阻的串并联规律,围绕指定的端口逐步化简原电路。为此,正确判断电阻元件之间的连接关系是关键,而电阻之间的连接关系往往与所讨论的端口有关。例如,在

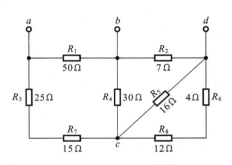

图 1.3.8　电阻元件混联的例子

图 1.3.8 所示电路中,对 a-b 端口而言,R_3 与 R_7 是串联,而与 R_1 不是串联;但对 b-c 端口而言,R_1、R_3 和 R_7 三个电阻元件则是串联的。因此,对于要求哪个端口的等效电阻必须十分明确。

为了判断各电阻元件之间的连接关系,可以设想在所讨论的端口上施加一电源(电压源和电流源均可),然后分析电路各部分的电压和电流情况,凡承受同一电压者为并联,通过同一电流者为串联。

【例 1.3.4】 在图 1.3.9 所示电路中,求 a-b 端口的等效电阻 R_{ab}。若在 a-b 端口施加一电压为 100 V 的电压源,求通过各电阻元件的电流。

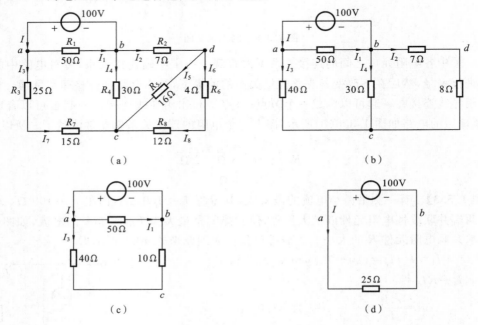

图 1.3.9　例 1.3.4 图

解 在图 1.3.9(a)所示的电路中标注各电流的参考方向。很容易看出,R_3 和 R_7、R_6 和 R_8 分别通过同一电流,故均为串联,串联的等效电阻分别为

$$R_3 + R_7 = (25 + 15)\ \Omega = 40\ \Omega$$
$$R_6 + R_8 = (4 + 12)\ \Omega = 16\ \Omega$$

R_6 和 R_8 串联后与 R_5 连接在节点 c 和 d 之间,承受同一电压 U_{cd},故为并联,等效电阻为 8 Ω,于是可将原电路简化为图 1.3.9(b)所示的电路。在该图中可以看出,7 Ω 与 8 Ω 电阻元件为串联,它们一起与 30 Ω 电阻元件并联,设等效电阻为 R_{bc},则

$$R_{bc} = \frac{(7+8) \times 30}{7+8+30}\ \Omega = 10\ \Omega$$

电路可化简为图 1.3.9(c)所示的电路。最后得

$$R_{ab} = \frac{(40+10) \times 50}{40+10+50}\ \Omega = 25\ \Omega$$

等效电路如图 1.3.9(d)所示。

$$I = \frac{100}{25}\ \text{A} = 4\ \text{A}$$

由图 1.3.9(c)得

$$I_1 = \frac{100}{50} \text{ A} = 2 \text{ A}, \quad I_3 = \frac{100}{50} \text{ A} = 2 \text{ A}$$

$$U_{bc} = -10 \times 2 \text{ V} = -20 \text{ V}$$

由图 1.3.9(b)得

$$I_2 = \frac{U_{bc}}{R_{bdc}} = -\frac{20}{15} \text{ A} = -1.333 \text{ A}$$

$$I_4 = \frac{U_{bc}}{R_{bc}} = -\frac{20}{30} \text{ A} = -0.667 \text{ A}$$

由图 1.3.9(a)得

$$I_5 = I_6 = \frac{I_2}{2} = -0.667 \text{ A}$$

以上介绍了线性电阻元件的串联、并联和混联电路的等效电阻。由此可以看到,所谓若干线性电阻元件互相连接组成的二端电路的等效电阻就是用一个线性电阻元件表示原二端电路,该电阻元件的电阻应当保证两电路有相同的端口电压-电流关系,如图 1.3.10 所示。

$$\text{等效电阻 } R = \frac{\text{端口电压 } u}{\text{端口电流 } i} \qquad (1.3.6)$$

根据式(1.3.6),如果有可能在设定端口电流(或端口电压)的情况下求得端口电压(或端口电流),就可以确定二端电路的等效电阻。

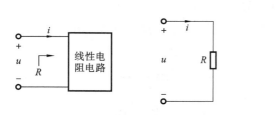

图 1.3.10　等效电阻的定义

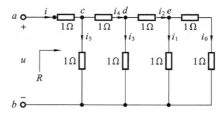

图 1.3.11　例 1.3.5 图

【例 1.3.5】　求图 1.3.11 所示梯形电路的等效电阻 R。

解　求此电路的等效电阻时可以用串联和并联等效电阻的计算公式,但计算可能比较繁杂。比较简单的方法是:对离端口最远的那条支路假设一电压或者电流,然后据此推算产生这一电流或电压所需的端口电压和端口电流,再按照式(1.3.6)求出等效电阻。

设 $i_0 = 1 \text{ A}$,则

$$u_{eb} = 2 \times 1 \text{ V} = 2 \text{ V}, \quad i_1 = \frac{2}{1} \text{ A} = 2 \text{ A}, \quad i_2 = (1+2) \text{ A} = 3 \text{ A}$$

$$u_{db} = (1 \times 3 + 2) \text{ V} = 5 \text{ V}, \quad i_3 = \frac{5}{1} \text{ A} = 5 \text{ A}, \quad i_4 = (3+5) \text{ A} = 8 \text{ A}$$

$$u_{cb} = (1 \times 8 + 5) \text{ V} = 13 \text{ V}, \quad i_5 = \frac{13}{1} \text{ A} = 13 \text{ A}, \quad i = (13+8) \text{ A} = 21 \text{ A}$$

$$u_{ab} = (1 \times 21 + 13) \text{ V} = 34 \text{ V}$$

所以

$$R = \frac{u_{ab}}{i} = \frac{34}{21} \ \Omega = 1.619 \ \Omega$$

练习与思考

1.3.1　求图 1.3.12 所示各电路的入端电阻 R_{ab}。

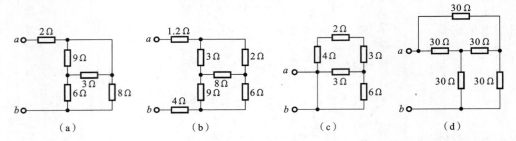

图 1.3.12　题 1.3.1 图

1.3.2　试求图 1.3.13 中各电路的等效电阻 R_{ab}。

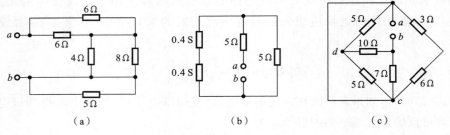

图 1.3.13　题 1.3.2 图

1.3.3　求图 1.3.14 所示电路在开关 S 断开和闭合两种状态下的等效电阻 R_{ab}。

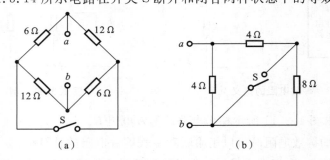

图 1.3.14　题 1.3.3 图

1.3.4　试求图 1.3.15 所示电路的等效电阻 R_{ab}。

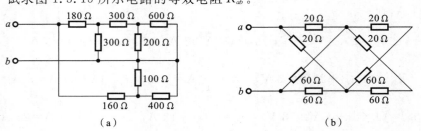

图 1.3.15　题 1.3.4 图

1.4　电源有载工作、开路与短路

1.4.1　电源有载工作

在图 1.4.1 所示电路中,开关 S 闭合,电源连接上负载电阻 R_L 组成闭合回路,这就叫电源的有载工作。电源输出的电流即为流经负载的电流,其大小为

$$I = \frac{E}{R_0 + R_L} \tag{1.4.1}$$

式中,E、R_0 分别为电源的电动势和内阻;R_L 为负载电阻。

当 E、R_0 一定时,电流 I 的大小由负载电阻 R_L 决定。R_L 越小,则电流 I 越大。

电源端电压 U 等于负载电阻两端的电压,由式(1.4.1)可得

$$U = IR_L = E - IR_0 \tag{1.4.2}$$

式(1.4.2)表明在有载工作状态时,由于电源内阻有压降,因而电压 U 总是小于 E。当 E 和 R_0 一定时,U 随着电流 I 的增加而下降。电源端电压与输出电流之间的关系曲线称为电源的外特性曲线,如图 1.4.2 所示,其斜率与电源内阻 R_0 有关。当 $R_0 \ll R_L$ 时

$$U \approx E$$

这说明电源带负载能力强,当电流(负载)变动时,电源的端电压变动不大。

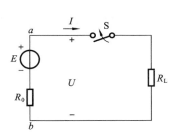
图 1.4.1　电源有载工作

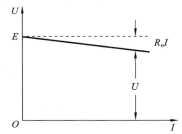
图 1.4.2　电源的外特性曲线

式(1.4.2)中各项乘以电流 I,则得功率平衡式

$$UI = EI - I^2 R_0 \quad 或 \quad P = P_E - \Delta P \tag{1.4.3}$$

式中,$P_E = EI$ 为电源发出的功率;$\Delta P = I^2 R_0$ 为电源内阻上损耗的功率;$P = UI$ 为负载消耗的功率。

1.4.2　电源开路

当图 1.4.1 中的开关 S 断开时,电源处于开路状态,也称为空载状态。开路时外电路的电阻对电源来说等于无穷大,因此电路中电流为零。这时电源的端电压(称为开路电压,用 U_0 表示)等于电源电动势,电源不输出电能。电路开路时,其主要特征可用下列各式表示:

$$\begin{cases} I = 0 \\ U = U_0 = E \\ P = 0 \end{cases}$$

1.4.3　电源短路

如图 1.4.3 所示,当电源的两端由于某种原因而连接在一起时,称为电源短路。电路短路时,外电路的电阻可视为零,这时电路中的电流为短路电流,用 I_S 表示。

电路短路时,其主要特征可用下列各式表示:

$$\begin{cases} U=0 \\ I=I_S=\dfrac{E}{R_0} \\ P_E=\Delta P=I^2 R \\ P=0 \end{cases}$$

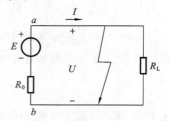

图 1.4.3　电源短路

电源被短路时的电流 I_S 很大,电源产生的功率 P_E 全部消耗在内阻上,易造成电源过热而损坏。此时负载上没有电流,负载的功率 $P=0$。

短路通常是一种严重事故,应尽力避免。通常采取的保护措施是在电路中接入熔断器(俗称保险丝)或自动断路器,以便在发生短路时迅速将故障电路断开。

练习与思考

1.4.1　何谓开路? 试简述开路时电路的特性。

1.4.2　何谓短路? 试简述短路时电路的特性。

1.4.3　图 1.4.4 所示电路中,$I_1=12$ A,$I_2=7$ A,说明哪个电源起电源作用,哪个电源起负载作用。

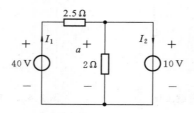

图 1.4.4　题 1.4.3 图

1.5　基尔霍夫定律

基尔霍夫定律是对电路进行分析和计算的基本定律,分为基尔霍夫电流定律(简称 KCL)和基尔霍夫电压定律(简称 KVL)。基尔霍夫电流定律应用于节点,基尔霍夫电压定律应用于回路。

电路中的每一分支称为支路,一条支路流过同一电流,称为支路电流。图 1.5.1 所示电路中有三条支路,相应的支路电流为 I_1、I_2 和 I_3。

电流中三条或三条以上支路的交点称为节点。图 1.5.1 中有 a 和 c 两个节点。

电路中由一条或多条支路组成的闭合电路称为回路。

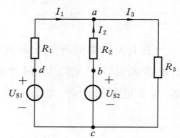

图 1.5.1　电路举例

图 1.5.1 所示电路中有 $adcba$、$abca$ 和 $adca$ 三个回路。

1.5.1　基尔霍夫电流定律

　　基尔霍夫电流定律用来确定电路中任意一个节点上各支路电流之间的关系。由于电流的连续性,电路中任何一点(包括节点)均不可能堆积电荷,因此,该定律指出:在任一瞬时,流入电路中任一节点的电流之和等于流出该节点的电流之和。

　　在图 1.5.1 所示电路中,对节点 a 有

$$I_1 + I_2 = I_3 \tag{1.5.1}$$

或将式(1.5.1)改写成
$$I_1 + I_2 - I_3 = 0$$

即
$$\sum I = 0 \tag{1.5.2}$$

也就是说,在任一个节点上电流的代数和恒等于零。如果规定参考方向指向(流入)节点的电流取正号,则背向(流出)节点的电流就取负号。

　　基尔霍夫电流定律不仅适用于电路中的节点,而且还可推广应用于电路中任何一个假定的闭合面。例如,在图 1.5.2 所示的电路中,虚线所示的闭合面包围的是一个三角形电路,它有三个节点。由基尔霍夫电流定律可得

$$I_1 = I_4 - I_6$$
$$I_2 = I_5 - I_4$$
$$I_3 = I_6 - I_5$$

将上述三式相加,得
$$I_1 + I_2 + I_3 = 0$$

　　可见,在任一瞬时,通过电路中任一闭合面的电流的代数和也恒等于零。

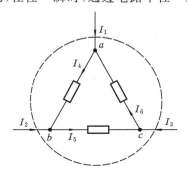

图 1.5.2　基尔霍夫电流定律的推广应用

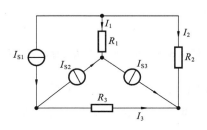

图 1.5.3　例 1.5.1 的电路

　　【例 1.5.1】　在图 1.5.3 所示的电路中,已知 $I_{S1} = 3$ A,$I_{S2} = 2$ A,$I_{S3} = 1$ A。试求 I_1、I_2 和 I_3 的值。

　　解　应用基尔霍夫电流定律可列出
$$I_1 = I_{S3} - I_{S2} = -1 \text{ A}$$
$$I_2 = -I_{S1} - I_1 = -4 \text{ A}$$
$$I_3 = I_{S1} - I_{S2} = 1 \text{ A}$$

1.5.2　基尔霍夫电压定律

　　基尔霍夫电压定律用来确定回路中各段电压之间的关系。基尔霍夫电压定律指出:从回路中任意一点出发,沿回路绕行一周回到原点时,这个方向上的电位降之和应等于电位升

之和。

以图 1.5.4 所示的回路 $adcba$ 为例,图中电压、电流和电动势的参考方向均已标出。从 a 点出发,按照虚线所示方向逆时针绕行一周,根据基尔霍夫电压定律可列出

$$U_1 + U_{S2} = U_{S1} + U_2$$

将上式改写成

$$U_1 + U_{S2} - U_{S1} - U_2 = 0$$

即
$$\sum U = 0 \qquad\qquad (1.5.3)$$

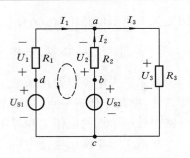

图 1.5.4　回路

基尔霍夫电压定律也可表达为:从回路中任意一点出发,沿任意闭合回路绕行一周,则回路中各段电压的代数和恒等于零。如果规定电位降取正号,则电位升就取负号。

基尔霍夫电压定律不仅适用于电路中的闭合回路,而且还可推广应用于回路的部分电路。例如,对图 1.5.5 所示电路可列出

$$-RI + U_S - U = 0, \quad 或 \quad U = U_S - RI$$

不论是应用基尔霍夫定律还是应用欧姆定律列方程,首先要在电路图上标出电流、电压或电动势的参考方向。因为所列方程中各项前的"+"、"−"号是由它的参考方向决定的。如果参考方向选得相反,则会相差一个"−"号。

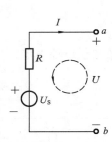

图 1.5.5　基尔霍夫电压定律的推广应用

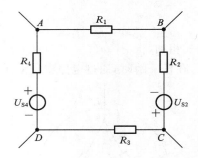

图 1.5.6　例 1.5.2 图

【例 1.5.2】　图 1.5.6 中,$U_{AB} = 8$ V,$U_{BC} = -7$ V,$U_{CD} = 9$ V。试求 U_{DA}、U_{AC}。

解　根据基尔霍夫电压定律可列出

$$U_{AB} + U_{BC} + U_{CD} + U_{DA} = 0$$

即
$$8\text{ V} - 7\text{ V} + 9\text{ V} + U_{DA} = 0$$

得
$$U_{DA} = -10\text{ V}$$

同理
$$U_{AB} + U_{BC} - U_{AC} = 0$$

即
$$8\text{ V} - 7\text{ V} - U_{AC} = 0$$

得
$$U_{AC} = 1\text{ V}$$

练习与思考

1.5.1　在图 1.5.7 所示电路中,已知 $I_1 = 11$ mA,$I_4 = 12$ mA,$I_5 = 6$ mA。试确定节点数,并求 I_2、I_3 和 I_6。

1.5.2　图 1.5.8 所示电路中的电流 I_1 和 I_2 各为多少?

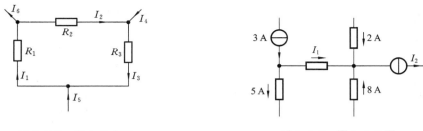

图 1.5.7　题 1.5.1 图　　　　　　　　图 1.5.8　题 1.5.2 图

1.5.3　试确定图 1.5.9 所示电路中的支路数、节点数、回路数,并写出回路 $ABDA$、$AFCBA$ 和 $AFCDA$ 的 KVL 方程。

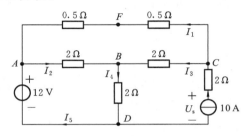

图 1.5.9　题 1.5.3 图

1.6　电源的两种模型及其等效变换

电源是任何电路中都不可缺少的重要组成部分,它是电路中电能的来源。电源是从实际电源抽象得到的电路模型。它可用两种不同的电路模型表示。一种是用理想电压源与电阻串联的电流模型来表示,称为电源的电压源模型;一种用理想电流源与电阻并联的电路模型来表示,称为电源的电流源模型。

1.6.1　电压源模型

如果电源的端电压是一个定值,而其中的电流 I 是任意的,电流 I 的大小随负载电阻 R_L 的变化而变化。这样的电源称为理想电压源或恒压源。理想电压源的符号如图 1.6.1 所示,图中 E 为理想电压源的电动势。它的外特性曲线是一条与横轴平行的直线,如图 1.6.3 所示。

当外接电阻 R_L 变化时,电源的输出电压波动较小,可认为是电压源,如发电机、电池、稳压电源等。一个实际电压源,可看成是电动势 E 和内阻 R_0 串联的电路模型,如图 1.6.2 所示,此即电压源模型,简称电压源。在图 1.6.2 中,U 为电源的端电压,R_L 是负载电阻,I 是负载电流。电源的端电压

图 1.6.1　理想电压源的
　　　　　符号

$$U = E - IR_0 \qquad (1.6.1)$$

由此可作出电压源的外特性曲线,如图 1.6.3 所示。当电压源开路时,$I=0$,$U=U_0=E$(开路电压等于电源的电动势);当电压源短路时,$U=0$,$I=I_S=E/R_0$(I_S 称为短路电流)。内阻 R_0 越小,则直线越平。

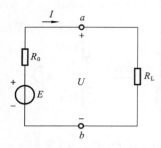

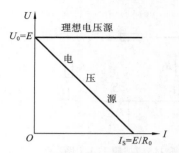

图 1.6.2　电压源电路　　　　图 1.6.3　电压源和理想电压源的外特性曲线

　　当电压源的内阻 $R_0 = 0$ 时，为理想电压源。理想电压源实际上是不存在的，如果一个电压源的内阻远小于负载电阻，即 $R_0 \ll R_L$，则输出电压 U 近似等于电源电动势 E，该电压源近似为一个理想电压源。

1.6.2　电流源模型

　　如果电源的电流是一个定值，而其两端的电压 U 是任意的，电压 U 的大小随负载电阻 R_L 的变化而变化。这样的电源称为理想电流源或恒流源。理想电流源的符号如图 1.6.4 所示。它的外特性曲线是一条与纵轴平行的直线，如图 1.6.6 所示。

　　当外接电阻 R_L 变化时，电源的输出电流波动较小，可认为是电流源，如光电池等。一个实际电流源，可看成是理想电流源 I_S 和内阻 R_0 并联的电路模型，如图 1.6.5 所示，此即电流源模型，简称电流源。图 1.6.5 中，U 为电流源的端电压，负载电流

图 1.6.4　理想电流源的符号

$$I = I_S - \frac{U}{R_0} \tag{1.6.2}$$

　　由式(1.6.2)可作出电流源的外特性曲线，如图 1.6.6 所示。当电流源开路时，$I = 0$，$U = U_0 = I_S R_0$；当电流源短路时，$U = 0$，$I = I_S$。内阻 R_0 越大，则直线越陡。

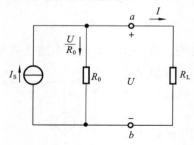

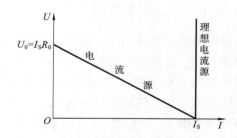

图 1.6.5　电流源电路　　　　图 1.6.6　电流源和理想电流源的外特性曲线

　　当 $R_0 = \infty$（相当于 R_0 支路断开）时，$I = I_S$，这时的电流源为理想电流源。理想电流源实际上是不存在的，如果一个电流源的内阻远大于负载电阻，即 $R_0 \gg R_L$，则 $I \approx I_S$，该电流源近似为一个理想电流源。

1.6.3　受控源

　　受控源是用来表征电子器件中发生的物理现象的一种模型，它反映了电路中某处的电压或电流与另一处的电压或电流的关系。

电压(或电流)的大小和方向受电路中其他地方的电压(或电流)控制的电源称为受控源。

受控源有两个控制端子(又称输入端)、两个受控端子(又称输出端),所以受控源也称为四端元件。当受控源被控制量是电流时,用受控电流源表示;当受控源被控制量是电压时,用受控电压源表示,具体可分为以下四种类型。

1. 电流控制的电流源

电流控制的电流源如图 1.6.7(a)所示。

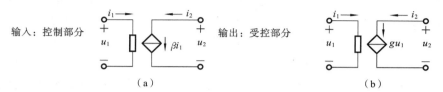

图 1.6.7　受控电流源

受控电流源的电流为

$$i_2 = \beta i_1 \tag{1.6.3}$$

式中,β 为无量纲的电流控制系数,它控制着受控电流源电流的大小和方向,若 $\beta = 0$,则 $i_2 = \beta i_1 = 0$,若 β 增大,则 βi_1 亦增大,若 β 改变极性,βi_1 亦改变极性。

2. 电压控制的电流源

电压控制的电流源如图 1.6.7(b)所示。

受控电流源的电流为

$$i_2 = g u_1 \tag{1.6.4}$$

式中,g 为电压控制系数,单位为 S(西门子),亦称为转移电导。

3. 电压控制的电压源

电压控制的电压源(VCVS)如图 1.6.8(a)所示。

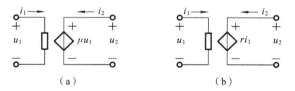

图 1.6.8　受控电压源

受控电压源的电压为

$$u_2 = \mu u_1 \tag{1.6.5}$$

式中,μ 为无量纲的电压控制系数。

4. 电流控制的电压源

电流控制的电压源如图 1.6.8(b)所示。

受控电压源的电压为

$$u_2 = r i_1 \tag{1.6.6}$$

式中,r 为电流控制系数,单位为 Ω(欧姆),亦称为转移电阻。

如图 1.6.9(a)所示为晶体三极管电路,基极电流和集电极电流满足关系:$i_c = \beta i_b$,因此,晶体三极管的电路模型可以用电流控制的电流源表示(见图 1.6.9(b))。

受控源与独立源的比较:

① 独立源电压(或电流)由电源本身决定,与电路中其他电压、电流无关,而受控源的电压(或电流)由控制量决定;

② 独立源在电路中起激励作用,在电路中产生电压、电流,而受控源只是反映输出端与输入端的受控关系,在电路中不能作为激励。

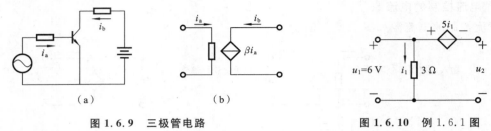

图 1.6.9　三极管电路　　　　　　　　　　　　　　　图 1.6.10　例 1.6.1 图

【例 1.6.1】　如图 1.6.10 所示电路,求电压 u_2。

解
$$i_1 = \frac{6}{3} \text{ A} = 2 \text{ A}$$
$$u_2 = -5i_1 + 6 = (-10 + 6) \text{ V} = -4 \text{ V}$$

1.6.4　电源两种模型之间的等效变换

一个实际电源既可用电压源模型来表示,也可用电流源模型来表示。如果电压源模型和电流源模型的外部特性相同,则这两种电源模型对外电路是等效的,可以进行等效变换。

等效变换条件为

$$I_\text{S} = \frac{E}{R_0} \quad 或 \quad E = I_\text{S} R_0 \qquad (1.6.7)$$

两种表示形式中的内阻 R_0 相同,如图 1.6.11 所示。

在分析和计算电路时,也可用这种等效变换的方法,但要注意以下几点。

(1) 电压源和电流源作等效变换时,对外电路的电压和电流的大小、方向都不变。电流源模型的电流流出端与电压源模型的正极相对应。

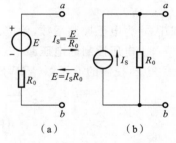

图 1.6.11　电压源与电流源的等效变换

(2) 电压源和电流源的等效变换是对外电路而言的,对电源内部并不等效。例如,在图 1.6.2 中,当电路开路时,电压源模型中无电流,电源内阻 R_0 上无功率损耗;但在图 1.6.5 中,当电路开路时,电源内阻 R_0 上有功率损耗。

(3) 理想电压源与理想电流源不能等效变换。因为对理想电压源($R_0 = 0$)来讲,其短路电流 I_S 为无穷大,对理想电流源($R_0 = \infty$)来讲,其开路电压 U_0 为无穷大,都不能得到有限的数值,故两者不存在等效变换的条件。

(4) 理想电压源与元件(电阻或理想电流源)并联时,并联的元件都可以断开不予考虑。如图 1.6.12 所示,这是因为无论理想电压源外部并联多少元件,都不会影响其端电压的大小。

(5) 理想电流源与元件(电阻或理想电压源)串联时,串联的元件都可以视为短路。如图 1.6.13 所示,这是因为无论与理想电流源串联多少元件,都不会改变其输出电流的大小。

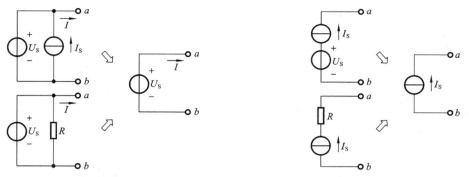

图 1.6.12　理想电压源并联元件的化简　　　　　图 1.6.13　理想电流源串联元件的化简

【例 1.6.2】　在图 1.6.14 所示电路中,已知 $I_S=1$ A,$U_S=2$ V,$R_1=3$ Ω,$R_2=6$ Ω,$R_3=4$ Ω,$R_4=8$Ω,试求电路中电流 I_2。

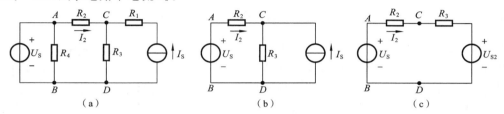

（a）　　　　　　　　　　　　　　（b）　　　　　　　　　　　　　　（c）

图 1.6.14　例 1.6.2 的电路

解　首先对图 1.6.14(a)所示电路进行等效变换。理想电压源 U_S 与电阻 R_4 并联,R_4 可视为开路;理想电流源 I_S 与电阻 R_1 串联,R_1 可视为短路,这时电路等效化简为图 1.6.14(b)所示电路。

其次,将图 1.6.14(b)所示电路中的电流源变为电压源,可得图 1.6.14(c)所示电路,求得

$$I_2=\frac{U_S-U_{S2}}{R_2+R_3}=\frac{2-4}{6+4}\text{ A}=-0.2\text{ A}$$

【例 1.6.3】　已知 $I_S=1$ A,$U_{S1}=15$ V,$U_{S2}=12$ V,试用电源等效变换法求图1.6.15(a)所示电路的电流 I。

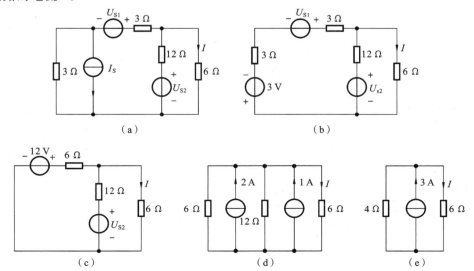

（a）　　　　　　　　　　　　　　　　（b）

（c）　　　　　　　　　　　（d）　　　　　　　　　　　（e）

图 1.6.15　例 1.6.3 的求解过程电路

解　根据图 1.6.15 所示的变换次序,最后化简为 1.6.15(e)的电路,由此可得

$$I = \left(\frac{4}{4+6} \times 3\right) \text{A} = 1.2 \text{ A}$$

练习与思考

1.6.1　把图 1.6.16 中的电压源模型变换为电流源模型,电流源模型变换为电压源模型。

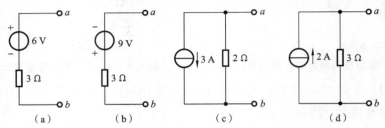

图 1.6.16　题 1.6.1 图

1.6.2　在图 1.6.17 所示直流电路中,已知理想电压源的电压 $U_s = 3$ V,理想电流源 $I_s = 3$ A,电阻 $R = 1$ Ω。求:(1) 理想电压源的电流和理想电流源的电压,并指出哪个是电源? 哪个是负载?(2) 讨论电路的功率平衡关系。

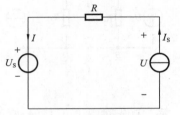

1.6.3　把图 1.6.18(a)等效变换为电流源模型,把图 1.6.18(b)等效变换为电压源模型。

图 1.6.17　题 1.6.2 图

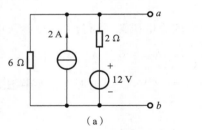
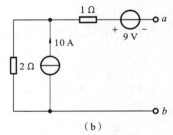

图 1.6.18　题 1.6.3 图

本 章 小 结

1. 理想元件和电路模型的概念

电路理论上定义的理想元件都是由某些实际器件抽象而来的;反过来,它们又可用以组成各种实际设备或器件的模型。本课程主要借助于由理想元件组成的电路模型,阐述电路的基本规律和基本分析方法。

2. 电路的三个物理量:电流、电压和功率

电荷的有规则的运动称为电流。电流的方向规定为正电荷运动的方向,电流的大小用电流强度来衡量。电流强度在数值上等于单位时间内通过导体横截面的电量。用 i 表示电流强度,则

$$i = \frac{\mathrm{d}q}{\mathrm{d}t}$$

　　电路中 a、b 两点间的电压,在数值上等于单位正电荷从 a 点移动到 b 点时电场力所做的功,用 u_{ab} 表示 a、b 两点间的电压,则

$$u_{ab} = \frac{\mathrm{d}w_{ab}}{\mathrm{d}q}$$

电压的实际方向规定为正电荷在电场力作用下移动的方向。

　　分析、计算电路时要预先假定电压、电流的参考方向,电压、电流值的正、负都是相对于参考方向而言的。为了分析、计算的方便,选择二者的参考方向对某元件一致,则称为关联参考方向,否则称为非关联参考方向。

　　单位时间内电场力做的功,称为电功率,简称功率。如果选择电压、电流的参考方向关联,元件(或一段电路)吸收的功率

$$p = ui$$

3. 基尔霍夫定律

　　KCL 指出:任一时刻,电路中任一节点所联各支路电流的代数和恒等于零,即

$$\sum i = 0 \quad 或 \quad \sum I = 0(直流)$$

　　KVL 指出:任一时刻,沿电路中任一回路的所有电压的代数和恒等于零,即

$$\sum u = 0 \quad 或 \quad \sum U = 0(直流)$$

4. 三种二端元件:电阻、电压源和电流源

　　电阻元件是用来模拟电路中消耗电能这一物理现象的二端元件。欧姆定律指出:线性电阻元件的电压与电流成正比,在关联方向下

$$u_{\mathrm{R}} = Ri_{\mathrm{R}}$$

这就是线性电阻元件的电压电流关系。其中,参数 R 称为电阻元件的电阻,它反映了电阻元件对电流阻碍作用的大小。

　　电阻的倒数 $G = 1/R$ 称为电导,也是表征电阻元件特性的参数,它反映的是元件的导电能力。

　　电压源是一种理想二端元件,它两端的电压为恒定值或为一定的时间函数,与通过它的电流无关。电压源一般用 u_{S} 表示,直流电压源用 U_{S} 表示。

　　电流源也是一种理想二端元件,通过它的电流为恒定值或为一定的时间函数,与它两端的电压无关。电流源一般用 i_{S} 表示,直流电流源用 I_{S} 表示。

5. 等效化简和整理电路

　　完全一致的两个单口网络互为等效网络,等效网络对任一外电路的作用彼此相同。分析电路时为使问题简化,用一个结构简单的等效网络代替原来结构较复杂的网络,称为等效化简。

　　电路中凡是用理想导线联结起来的各个联结点,属于同一个节点。为使电路中各元件的联结关系一目了然,便于分析,把分散而用导线相连的各联结点集中画成一个节点,但不改变电路原来的结构,称为整理电路。

　　整理电路和等效化简是不同的两个概念。

6. 无源及含源串、并、混联单口网络的等效化简

　　(1) 电阻的串联和并联。

　　电阻串联时各电阻通过同一个电流。电阻串联电路的等效电阻等于串联的各电阻之和。串联各电阻的电压与其电阻值成正比。

　　电阻并联时各电阻的电压相同。电阻并联电路的等效电导等于并联各电阻的电导之和。并联各电阻的电流与其电导值成正比。

　　(2) 含源串、并、混联单口网络的等效化简。

　　实际电源的两种模型可以等效互换。若已知串联模型(U_s、R_s),则等效并联模型的电阻和电流源电流分别为

$$\begin{cases} R'_s = R_s \\ I_s = \dfrac{U_s}{R_s} \end{cases}$$

若已知并联模型(I_s、R'_s),则等效串联模型的电阻和电压源电压分别为

$$\begin{cases} R_s = R' \\ U_s = R'_s I_s \end{cases}$$

　　几个电压源串联的电路,其等效电压源电压等于各串联电压源电压的代数和;几个电流源并联的电路,其等效电流源电流等于各并联电流源电流的代数和。

　　电压源 U_s 与任一单口网络(不包括电压不相等的另一电压源)并联的电路,可等效为一个电压源 U_s;电流源 I_s 与任一单口网络(不包括电流不相等的另一电流源)串联的电路,可等效为一个电流源 I_s。

　　灵活运用以上各种等效关系可对任一线性含源混联单口网络进行化简。

习　题　一

　　1.1　在图 1.1 中,三个元件代表电源或负载。电流和电压的参考方向如图中所示,已知:

$$I_1 = -2\ \text{A}, \quad I_2 = 3\ \text{A}, \quad U = 10\ \text{V}$$

　　(1) 判断哪个元件是电源? 哪个元件是负载?

　　(2) 计算各元件的功率,电源发出的功率与负载取用的功率是否平衡?

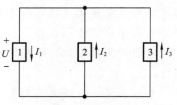

图 1.1　题 1.1 图

　　1.2　在电池两端接上电阻 $R_1 = 8\ \Omega$ 时,测得电流为 4 A;若接上电阻 $R_2 = 6\ \Omega$ 时,测得电流为 3.75 A。求此电池的电动势 E 和内阻 R_0。

　　1.3　在图 1.2 所示电路中,已知 $I_{S1} = 3\ \text{A}, I_{S2} = 2\ \text{A}, I_{S3} = 1\ \text{A}, R_1 = 6\ \Omega, R_2 = 5\ \Omega, R_3 = 7\ \Omega$。用基尔霍夫电流定律求电流 I_1、I_2 和 I_3。

　　1.4　在图 1.3 所示电路中,已知 $U_s = 5\ \text{V}, I_1 = 1\ \text{A}$。求电流 I_2。

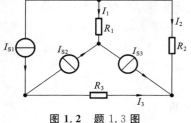

图 1.2　题 1.3 图

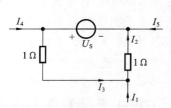

图 1.3　题 1.4 图

　　1.5　求图 1.4 所示电路中 a、b 两端间的等效电阻 R_{ab}。

　　1.6　求图 1.5 所示电路中 a、b 两端间的等效电阻 R_{ab}。

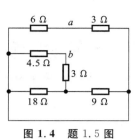

图 1.4 题 1.5 图

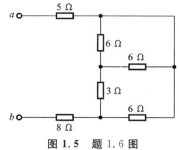

图 1.5 题 1.6 图

1.7 在图 1.6 所示电路中,已知 $E=24$ V,$R_1=12$ Ω,$R_2=6$ Ω,$R_3=4$ Ω,$R_4=6$ Ω,试求 I_3 和 I_4。

1.8 已知 $U_S=24$ V,$I_S=1$ A,试用电源等效变换法求图 1.7 中的电流 I。

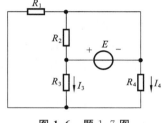

图 1.6 题 1.7 图

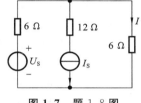

图 1.7 题 1.8 图

1.9 试用电源等效变换法求图 1.8 中的电压 U_{AB}。

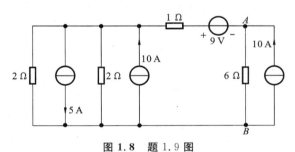

图 1.8 题 1.9 图

1.10 在图 1.9 所示电路中,已知 $U_S=2$ V,$I_S=1$ A,$R_1=8$ Ω,$R_2=6$ Ω,$R_3=4$ Ω,$R_4=3$ Ω,用电源等效变换法求电流 I。

1.11 用电源等效变换法求图 1.10 中的电流 I。

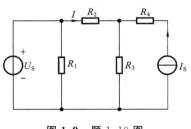

图 1.9 题 1.10 图

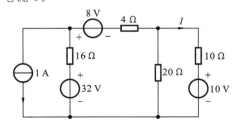

图 1.10 题 1.11 图

第2章　直流电路的一般分析

本章介绍支路电流法、回路电流法、节点电压法、叠加原理、戴维宁定理、诺顿定理。本章介绍的分析方法,不仅适用于直流电路,也适用于交流电路、电子电路等,必须给予充分重视。

2.1　支路电流法

实际电路的结构型式是多种多样的。对于简单电路,即单回路电路或者可利用元件串并联方法化简为单回路的电路,应用欧姆定律和基尔霍夫定律可方便地计算出电路中的电压、电流等。但在实际应用中,有的多回路电路则不能应用串并联方法化简为单回路电路,这种电路称为复杂电路。

支路电流法是求解复杂电路最基本的方法。它以各支路电流为未知数,应用基尔霍夫电流定律和基尔霍夫电压定律分别对电路的节点和回路列出所需要的方程组,然后解出各支路电流。

在一个复杂电路中,每一个回路至少包含有一个新的支路,这样的回路称为单孔回路。在图 2.1.1 所示电路中,如果设回路 $abda$ 和回路 $acba$ 为单孔回路,则回路 $acbda$ 不是单孔回路。还可设回路 $abda$ 和回路 $acbda$ 为单孔回路,则回路 $acba$ 不是单孔回路。图 2.1.1 电路中,有三个回路,但单孔回路只有两个。

以图 2.1.2 所示电路为例,介绍支路电流法解题的步骤。

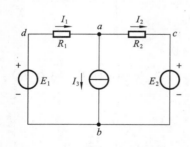

图 2.1.1　两个单孔回路的电路

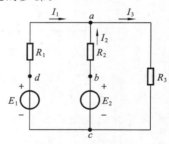

图 2.1.2　两个电源并联的电路

(1) 在电路中标出各支路电流以及电压或电动势的参考方向。

(2) 纵观整个电路,找出节点数 $n=2$,找出支路数 $b=3$。

(3) 设支路电流为未知数 I_1、I_2、I_3,未知数个数与支路数 b 相等。

(4) 根据基尔霍夫电流定律列电流方程,方程数为 $n-1$。

对节点 a 列方程

$$I_1+I_2-I_3=0 \tag{2.1.1}$$

对节点 c 列方程

$$I_3-I_1-I_2=0 \tag{2.1.2}$$

可见,式(2.1.2)即为式(2.1.1),它是非独立的方程。因此,对具有 n 个节点的电路,只能列出 $(n-1)$ 个独立的电流方程。

(5) 根据基尔霍夫电压定律列单孔回路电压方程,方程数为 $b-(n-1)$。

回路 $abcda$ 电压方程为

$$-I_2R_2+E_2-E_1+I_1R_1=0 \tag{2.1.3}$$

回路 $acba$ 电压方程为

$$I_3R_3-E_2+I_2R_2=0 \tag{2.1.4}$$

回路 $acda$ 电压方程为

$$I_3R_3-E_1+I_1R_1=0 \tag{2.1.5}$$

式(2.1.5)可以由式(2.1.3)和式(2.1.4)相加得到,可见这三个方程式中只有两个独立方程,即独立方程数与单孔回路数相同。

(6) 将电流和电压独立方程联立,解方程组,求各支路电流 I_1、I_2、I_3。

$$\begin{cases} I_1+I_2-I_3=0 \\ -I_2R_2+E_2-E_1+I_1R_1=0 \\ I_3R_3-E_2+I_2R_2=0 \end{cases}$$

(7) 用功率平衡关系验证计算结果。

总之,支路电流法是分析和计算复杂电路的最基本方法,适用于求解电路中各个支路电流,即求多个未知数。但如果只求其中一条支路的电流,用此方法计算就比较烦琐,特别是当电路的支路数比较多时,这时,就可选用后面介绍的其他较简便的方法。

【**例 2.1.1**】　在图 2.1.3 所示电路中,已知 $E_1=12$ V, $E_2=12$ V, $R_1=1$ Ω, $R_2=2$ Ω, $R_3=2$ Ω, $R_4=4$ Ω,求各支路电流。

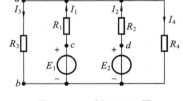

解　设各支路电流的参考方向如图 2.1.3 所示。图中 $n=2,b=4$。列出节点和回路方程式如下。

图 2.1.3　例 2.1.1 图

对节点 a 列出

$$I_1+I_2-I_3-I_4=0$$

回路 $acba$ 方程

$$-I_1R_1+E_1-I_3R_3=0$$

回路 $adca$ 方程

$$-I_2R_2+E_1-E_2+I_1R_1=0$$

回路 $abda$ 方程

$$I_4R_4-E_2+I_2R_2=0$$

代入数据,解上述方程组得

$$I_1=4 \text{ A}, \quad I_2=2 \text{ A}, \quad I_3=4 \text{ A}, \quad I_4=2 \text{ A}$$

练习与思考

2.1.1　在图 2.1.4 所示电路中,已知 $U_{S1}=110$ V, $U_{S2}=90$ V, $R_1=1$ Ω, $R_2=0.6$ Ω, $R_3=24$ Ω。用支路电流法求各支路电流。

2.1.2　图 2.1.5 所示电路中,已知 $U_S=140$ V, $I_S=18$ A, $R_1=20$ Ω, $R_2=6$ Ω, $R_3=5$ Ω。用支路电流法求各未知电流。

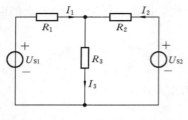

图 2.1.4　题 2.1.1 图

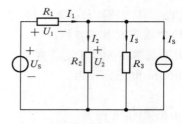

图 2.1.5　题 2.1.2 图

2.2　回路电流法

上节介绍的支路电流法是直接应用基尔霍夫电流定律和基尔霍夫电压定律求解复杂电路的最基本的分析方法。如果该电路有 n 条支路,就有 n 个未知电流,那么就必须设立 n 个独立的方程才能够求解出各支路电流。而当电路的支路较多的时候,计算起来便显得非常烦琐,也容易出错。如果在计算过程中能减少未知数,则能减少所需要的独立方程。回路电流法便是能用较少的方程求解复杂电路的一种方法。

以图 2.2.1 所示电路为例。由于该电路中有两个节点,因此可以列出一个独立电流方程,而此电路有两个网孔,也就是说能列出两个独立的电压方程,即三个独立方程为

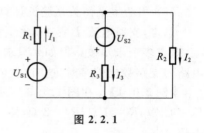

$$\begin{cases} I_1 = I_2 + I_3 & ① \\ -U_{S2} + R_3 I_3 - U_{S1} + R_1 I_1 = 0 & ② \\ R_2 I_2 - R_3 I_3 + U_{S2} = 0 & ③ \end{cases}$$

图 2.2.1

将式①改写成 $I_3 = I_1 - I_2$,然后代入式②和式③,得

$$-U_{S2} + R_3(I_1 - I_2) - U_{S1} + R_1 I_1 = 0$$
$$R_2 I_2 - R_3(I_1 - I_2) + U_{S2} = 0$$

显然,经过以上的变换以后,只剩下了两个方程和 I_1、I_2 两个未知电流,这样问题便得以简化。在这个过程中必须注意,消去的一个未知电流 I_3 是回路之间公共支路上的电流,而保留下来的两电流是只与两回路自己有关的电流。

假设在电路的每一回路中有一回路电流沿边界流动,如图 2.2.2 所示,回路Ⅰ中有电流 I_1 沿 U_{S1}、R_1、U_{S2}、R_3 流动,回路Ⅱ中有电流沿 U_{S2}、R_2、R_3 流动。为了使计算方便,假定这些回路电流的参考方向都是沿顺时针方向,如图 2.2.2 所示。这时要注意,回路电流是沿着回路流动的电流,对电路中的任何节点都自动满足基尔霍夫电流定律(节点电流定律)。

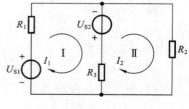

图 2.2.2

以上变换的,就只有两个回路电流待解,那么用回路电压定律列出两个方程就能解出该题,明显简化了解题的烦琐程度。那么,图 2.2.2 所示的支路独立电压方程可以用如下方程表示:

$$\begin{cases} (R_1 + R_3)I_1 + (-R_3)I_2 = U_{S1} + U_{S2} \\ (-R_3)I_1 + (R_2 + R_3)I_2 = -U_{S2} \end{cases}$$

　　可以看出,以上两方程和用支路电流法消去一个电流后所得到的方程是一样的。回路电流法就是以假设回路电流为未知量,利用 KVL 列写回路电压方程来求解复杂电路的方法。

　　以上两式可规律性写成:

$$\begin{cases} R_{11}I_1 + R_{12}I_2 = U_{S11} \\ R_{21}I_1 + R_{22}I_2 = U_{S22} \end{cases}$$

上式中的 R_{11} 和 R_{22} 分别表示回路 Ⅰ 与回路 Ⅱ 中所有电阻值的总和,称为该回路的"自电阻",R_{12} 是指回路 Ⅱ 与回路 Ⅰ 之间公共支路上的电阻值,称为"互电阻",多支路的电路均依此类推。图 2.2.2 中的互电阻 R_{12} 在数值上等于公共支路 3 上电阻 R_3 的数值,但是回路电流 I_2 的参考方向与回路 Ⅰ 电压方程的绕行方向相反,I_2 在 R_3 上的电压降应该为负值,而通常习惯上令 $R_{12} = -R_3$。也就是说,是将互电阻 R_{12} 看做负值的,同样,$R_{21} = -R_3$,这样可以有规律地列出独立方程。式中的 U_{S11}、U_{S22} 分别为回路 Ⅰ 和回路 Ⅱ 中电压源电压的代数和。

　　根据以上讨论,可归纳出回路电流法的主要步骤如下。

　　(1) 选定一组独立的回路电流作为变量,标出其参考方向,并以此方向作为回路的绕行方向。

　　(2) 按照上述有关规则,列写关于回路电流的 KVL 方程。

　　(3) 联立并求解方程组,得出各回路电流。

　　(4) 选定各支路电流的参考方向,由回路电流求得各支路电流或其他需求的变量。

　　在平面电路中,以网孔电流作为电路变量列写独立回路方程而求解电路的方法也称为网孔电流法。

　　【例 2.2.1】　用回路电流法求电路图 2.2.1 所示电路中各支路电流。

　　解　首先设该电路中两网孔的回路电流 I_1、I_2 均为顺时针方向,如图 2.2.1 所示,则

$$R_{11} = R_1 + R_3, \quad R_{12} = R_{21} = -R_3$$
$$U_{S11} = U_{S1} + U_{S2}, \quad R_{22} = R_2 + R_3$$
$$U_{S22} = -U_{S2}$$

网孔方程为

$$\begin{cases} (R_1 + R_3)I_1 + (-R_3)I_2 = U_{S1} + U_{S2} \\ (-R_3)I_1 + (R_2 + R_3)I_2 = -U_{S2} \end{cases}$$

将电路参数代入上式得

$$\begin{cases} (12+3)I_1 + (-3)I_2 = 42 + 21 \\ (-3)I_1 + (6+3)I_2 = -21 \end{cases}$$

解以上方程得

$$I_1 = 4\ \text{A}, \quad I_2 = -1\ \text{A}$$

根据

$$I_3 = I_1 - I_2$$

有

$$I_3 = 4\ \text{A} - (-1)\ \text{A} = 5\ \text{A}$$

　　回路电流法比较适用于求解网孔较少的电路,同时可以看出,用此方法解题比用支路电流法解题要简洁得多。

　　【例 2.2.2】　在图 2.2.3 所示电路中,已知 $U_{S1} = 10$ V,$U_{S2} = 2$ V,$I_S = 5$ A,$R_1 = 1\ \Omega$,$R_2 = R_3 = R_4 = 2\ \Omega$。用回路电流法求各支路电流。

　　解　方法一:

　　选取三个独立回路并标出回路电流方向(如图中的 I_{11}、I_{12}、I_{13})。此处只让回路电流 I_{13}

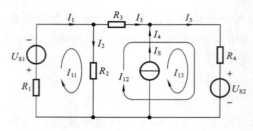

图 2.2.3 例 2.2.2 图

单独流经 I_S 支路。回路方程为

$$(R_1+R_2)I_{11}-R_2I_{12}=-U_{S1}$$

$$-R_2I_{11}+(R_2+R_3+R_4)I_{12}+R_4I_{13}=-U_{S2}$$

$$I_{13}=I_S$$

代入数据得

$$3I_{11}-2I_{12}=-10$$

$$-2I_{11}+6I_{12}+2I_{13}=-2$$

$$I_{13}=5 \text{ A}$$

解得 $\qquad I_{11}=-6 \text{ A}, \quad I_{12}=-4 \text{ A}, \quad I_{13}=5 \text{ A}$

标出各支路电流参考方向如图 2.2.3 所示。可得

$$I_1=I_{11}=-6 \text{ A}$$

$$I_2=I_{11}-I_{12}=-2 \text{ A}$$

$$I_3=I_{12}=-4 \text{ A}$$

$$I_4=I_S=5 \text{ A}$$

$$I_5=I_{12}+I_{13}=1 \text{ A}$$

方法二：

任意选择三个独立回路并标出回路电流方向，如图 2.2.4 所示。此处以三个网孔作为独立回路，同时选定并标出电流源的端电压 U。回路方程为

$$(R_1+R_2)I_{11}-R_2I_{12}=-U_{S1}$$

$$-R_2I_{11}+(R_2+R_3)I_{12}+U=0$$

$$R_4I_{13}-U=-U_{S2}$$

辅助方程为

$$-I_{12}+I_{13}=I_S$$

代入数据得

$$3I_{11}-2I_{12}=-10$$

$$-2I_{11}+4I_{12}+U=0$$

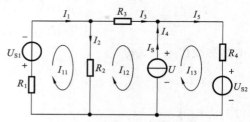

图 2.2.4 例 2.2.2 图

$$2I_{13}-U=-2$$

$$-I_{12}+I_{13}=5 \text{ A}$$

解方程组得 $\qquad I_{11}=-6 \text{ A}, \quad I_{12}=-4 \text{ A}, \quad I_{13}=1 \text{ A}, \quad U=4 \text{ V}$

各支路电流为

$$I_1=I_{11}=-6 \text{ A}$$

$$I_2=I_{11}-I_{12}=-2 \text{ A}$$

$$I_3=I_{12}=-4 \text{ A}$$

$$I_4 = I_S = 5 \text{ A}$$
$$I_5 = I_{13} = 1 \text{ A}$$

以上两种方法所得结果相同。

若网络中含有受控源,在列写电路方程时,可暂时先将受控源当作独立源对待,然后再找出受控源的控制量与电路变量的关系,列出辅助方程即可。

【例 2.2.3】　用回路电流法求图 2.2.5 所示电路中的电流 I。

解　选取回路电流 I_{11}、I_{12} 如图 2.2.5 所示。先将受控电压源 $2U_1$ 看作独立源,列出两回路的方程为

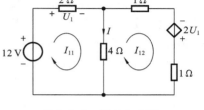

图 2.2.5　例 2.2.3 图

$$(2+4)I_{11} - 4I_{12} = 12$$
$$-4I_{11} + (4+1+1)I_{12} = 2U_1$$

以控制量 U_1 与回路电流变量的关系列出辅助方程,有

$$U_1 = 2I_{11}$$

整理以上三个方程得

$$6I_{11} - 4I_{12} = 12, \quad -4I_{11} + 6I_{12} = 2U_1$$
$$U_1 = 2I_{11}$$

解得
$$I_{11} = 18 \text{ A}, \quad I_{12} = 24 \text{ A}$$

支路电流
$$I = I_{11} - I_{12} = -6 \text{ A}$$

练习与思考

2.2.1　电路如图 2.2.6 所示,用回路电流法求各未知支路电流。

2.2.2　电路如图 2.2.7 所示,已知 $U_{S1} = 38$ V,$U_{S2} = 12$ V,$I_{S1} = 2$ A,$I_{S2} = 1$ A,$R_1 = 6$ Ω,$R_2 = 4$ Ω。用回路电流法求各支路电流,并计算出各理想电源吸收或发出的功率。

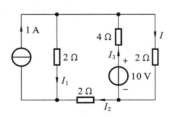

图 2.2.6　题 2.2.1 图

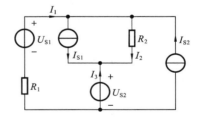

图 2.2.7　题 2.2.2 图

2.3　节点电位法

2.3.1　电路中电位的概念及计算

在分析和计算电路时,特别是在电子技术中,常用"电位"的概念,即将电路中的某一点选作参考点,并规定其电位为零。于是电路中其他任何一点与参考点之间的电压便是该点的电位。参考点在电路图中用接地符号"⊥"表示。所谓"接地",表示该点电位为零,并非真与大地相接。电位用"V"表示,如 b 点电位用 V_b 表示。

以图 2.3.1 所示的电路为例,如以 a 点为参考点,则

$$V_a = 0, \quad V_c = -60 \text{ V}$$

如果以 c 点为参考点(见图 2.3.2),则

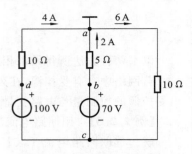

图 2.3.1 以 a 点为参考点

$$V_c = 0, \quad V_a = U_{ac} = 6 \times 10 \text{ V} = 60 \text{ V}$$

可见,电位也有正、负之分,比参考电位高为正,比参考电位低为负。另外,在同一电路中由于参考点选得不同,各点的电位值会随着改变,但是任意两点之间的电压值是不变的。所以各点的电位高低是相对的,而两点间的电压值是绝对的。

在电子电路中,为了绘图简便,习惯上常常不画出电源符号,而将电源一端"接地",电位为零,在电源的另一端标出电位极性与数值。图 2.3.2 所示电路的简化电路如图 2.3.3 所示。

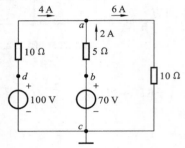

图 2.3.2 以 c 点为参考点   图 2.3.3 图 2.3.2 的简化电路

【例 2.3.1】 求图 2.3.4 所示电路中开关 S 闭合和断开两种情况下,a、b、c 三点的电位。

解 当开关 S 闭合时

$$V_a = 6 \text{ V}, \quad V_b = 3 \text{ V}, \quad V_c = 0 \text{ V}$$

当开关 S 断开时,

$$V_a = 6 \text{ V}$$

因为电路中无电流流过电阻 R,所以

$$V_a = V_b = 6 \text{ V}$$

c 点的电位比 b 点电位低 3 V,所以

$$V_c = V_b - 3 = (6-3) \text{ V} = 3 \text{ V}$$

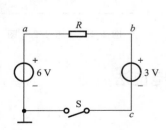

图 2.3.4 例 2.3.1 图

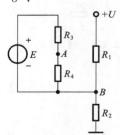

图 2.3.5 例 2.3.2 图

【例 2.3.2】 电路如图 2.3.5 所示。已知 $U=15$ V,$E=10$ V,$R_1=22$ Ω,$R_2=8$ Ω,$R_3=3$ Ω,$R_4=7$ Ω,求 A 点电位 V_A。

解 B 点电位

$$V_B = \frac{R_2}{R_1+R_3}U = \frac{8}{22+8} \times 15 \text{ V} = 4 \text{ V}$$

A 点电位

$$V_A = V_B + \frac{R_4}{R_3 + R_4} E = \left(4 + \frac{7}{3+7} \times 10\right) \text{ V} = 11 \text{ V}$$

2.3.2　节点电位法

电路中任意两个节点的电位差称为节点电压,以节点电压为未知量的电路分析方法称为节点电压法。如果在一个电路中,任选一个节点作为参考点,其他各个节点与参考点间的电压称为该节点的电位。故节点电压法又称为节点电位法。

以图 2.3.6 所示的电路为例,介绍节点电压法。设节点电压 U_{ab} 和各支路电流的参考方向如图所示。应用 KVL 和欧姆定律,用节点电压表示支路电流。

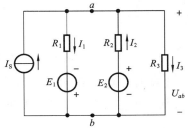

图 2.3.6　具有两个节点的电路

$$\begin{cases} U_{ab} = I_1 R_1 - E_1, \ I_1 = \dfrac{U_{ab} + E_1}{R_1} \\[2mm] U_{ab} = -I_2 R_2 + E_2, \ I_2 = \dfrac{E_2 - U_{ab}}{R_2} \qquad (2.3.1) \\[2mm] U_{ab} = I_3 R_3, \ I_3 = \dfrac{U_{ab}}{R_3} \end{cases}$$

应用 KCL 列出节点 A 的电流方程

$$I_S - I_1 + I_2 - I_3 = 0$$

即

$$I_S - \frac{U_{ab} + E_1}{R_1} + \frac{E_2 - U_{ab}}{R_2} - \frac{U_{ab}}{R_3} = 0$$

整理上式后,得节点电压公式:

$$U_{ab} = \frac{I_S - \dfrac{E_1}{R_1} + \dfrac{E_2}{R_2}}{\dfrac{1}{R_1} + \dfrac{1}{R_2} + \dfrac{1}{R_3}} = \frac{\sum I_S + \sum \dfrac{E}{R}}{\sum \dfrac{1}{R}} \qquad (2.3.2)$$

式中,分子为电路中所有的电源(电压源和电流源);$\sum I_S$ 为电流源的代数和,设流入 a 点的电流源为正,流出 a 点的电流源为负;$\sum \dfrac{E}{R}$ 为电压源的电动势与内阻之比的代数和,设电动势的正极与节点 a 相连时为正,电动势的负极与节点 a 点相连时为负;分母 $\sum \dfrac{1}{R}$ 为与节点 a 相连电阻(但与理想电压源并联的电阻、与理想电流源串联的电阻除外)的倒数之和,恒为正。

节点电压公式(2.3.2)仅适用于具有两个节点的电路。由式(2.3.2)求出节点电压 U_{ab},再用公式(2.3.1)求出各支路电流。

【例 2.3.3】　试求图 2.3.7(a)所示的电路中 A 点的电位 V_A。

　　解　图 2.3.7(a)可等效为图 2.3.7(b)。因此,A 点的电位

$$V_A = \left(\frac{\dfrac{12}{3} - \dfrac{12}{2}}{\dfrac{1}{3} + \dfrac{1}{2} + \dfrac{1}{6}}\right) \text{ V} = \frac{-2}{1} \text{ V} = -2 \text{ V}$$

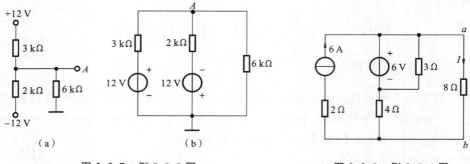

图 2.3.7 例 2.3.3 图   图 2.3.8 例 2.3.4 图

【例 2.3.4】 求图 2.3.8 所示电路中的电流 I。

解 因与理想电压源并联的电阻、与理想电流源串联的电阻可除去,则节点电压为

$$U_{ab} = \left(\frac{6 + \dfrac{6}{4}}{\dfrac{1}{4} + \dfrac{1}{8}} \right) V = \left(\frac{\dfrac{30}{4}}{\dfrac{3}{8}} \right) V = 20 \ V$$

$$I = \frac{U_{ab}}{8} = 2.5 \ A$$

练习与思考

2.3.1 求图 2.3.9 中各电路的 a、b、o 点的电位。

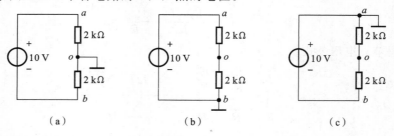

图 2.3.9 题 2.3.1 图

2.3.2 求图 2.3.10 所示的电路中开关 S 闭合和断开两种情况下,a、b、c 三点的电位。

2.3.3 试求图 2.3.11 所示电路中的 A 点的电位 V_A。

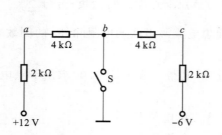

图 2.3.10 题 2.3.2 图

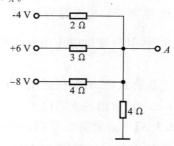

图 2.3.11 题 2.3.3 图

2.3.4 试求图 2.3.12 所示电路中的 U_{ab}。

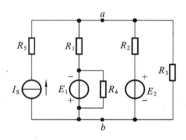

图 2.3.12 题 2.3.4 图

2.4 叠 加 定 理

2.4.1 叠加定理的定义

在复杂的电路中,一个电路中往往含有若干个独立电源,电路里每一个支路电流或电压都是这些电源同时作用的结果。在线性电路中,几个电源共同作用所产生的各支路电流或电压是每个电源单独作用时在相应支路中产生的电流或电压的代数和,这就是叠加定理。

叠加定理的应用可以用下例说明。

以图 2.4.1 中的支路电流 I_1 为例,应用基尔霍夫定律列方程:

$$\begin{cases} I_1 + I_2 - I_3 = 0 \\ U_{S1} = I_1 R_1 + I_3 R_3 \\ U_{S2} = I_2 R_2 + I_3 R_3 \end{cases} \tag{2.4.1}$$

求解后得到

$$I_1 = U_{S1} \cdot \frac{R_2 + R_3}{R_1 R_2 + R_2 R_3 + R_3 R_1} - U_{S2} \cdot \frac{R_3}{R_1 R_2 + R_2 R_3 + R_3 R_1} = I_1' + I_1''$$

式中

$$I_1' = \frac{R_2 + R_3}{R_1 R_2 + R_2 R_3 + R_3 R_1} \cdot U_{S1}$$

$$I_1'' = - \frac{R_3}{R_1 R_2 + R_2 R_3 + R_3 R_1} \cdot U_{S2}$$

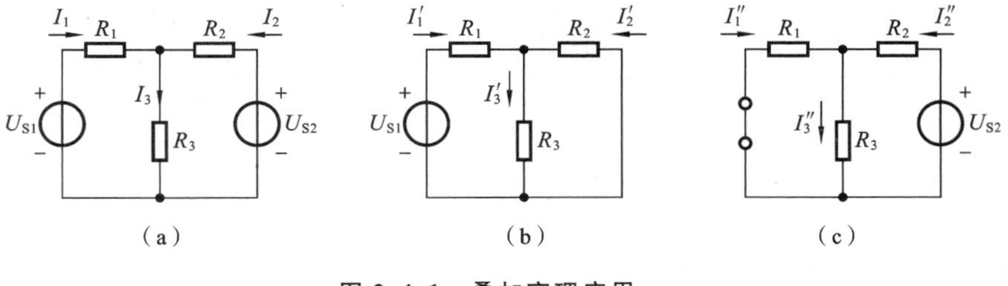

图 2.4.1 叠加定理应用

这就是说,支路电流 I_1 为各理想电源单独作用时产生的电流之和。

综合以上的分析,可以得出结论:在含有多个激励源的线性电路中,任一支路的电流(或电压)等于各理想激励源单独作用在该支路时产生的电流(或电压)的代数和。

2.4.2 叠加定理的应用

应用叠加定理求解电路的步骤如下:

（1）将含有多个电源的电路分解成若干个仅有单个电源的分电路,并给出每个分电路的电流或电压的参考方向,在考虑某一电源的作用时,其余的理想电源应置为零,即理想电压源短路,理想电流源开路;

（2）对每一个分电路中的电压、电流进行叠加,求出各支路的分电流、分电压;

（3）将求出的分电路中的电压、电流进行叠加,求出原电路中的支路电流、电压。

注意:叠加是代数量相加,当分量与总量的参考方向一致时,取"＋"号;当分量与总量的参考方向相反时,取"－"号。另外,元件上的功率不能叠加,即功率不等于各单独源单独作用产生的功率之和。

【例 2.4.1】 应用叠加定理求解图 2.4.2 所示电路中的电流 I_2。

解 首先求出当理想电流源单独作用时的电流 I_2'

$$I_2' = 1.5 \times \frac{100}{100+200} \text{ A} = 0.5 \text{ A}$$

再求出当理想电压源单独作用时的电流 I_2''

$$I_2'' = \frac{24}{100+200} \text{ A} = 0.08 \text{ A}$$

根据叠加定理可得

$$I_2 = I_2' + I_2'' = (0.5+0.08) \text{ A} = 0.58 \text{ A}$$

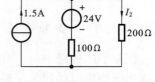

图 2.4.2 例 2.4.1 图

【例 2.4.2】 用叠加定理求图 2.4.3 所示各电路中的电流 I。

解 用叠加定理求解图 2.4.3(a)所示电路中的电流 I。

当 125 V 电源单独作用时

$$I' = \frac{125}{40+36 // 60} \times \frac{60}{60+36} \text{ A} = 1.25 \text{ A}$$

当 120 V 电源单独作用时

$$I'' = -\frac{120}{[40 // 60+36] // 60} \times \frac{60}{60 // 40+36+60} \text{ A} = -2 \text{ A}$$

$$I = I' + I'' = [1.25+(-2)] \text{ A} = -0.75 \text{ A}$$

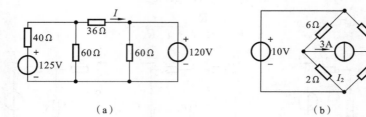

(a)   (b)

图 2.4.3 例 2.4.2 图

求解图 2.4.3(b)所示电路中的电流 I。

当 10 V 电压源单独作用时

$$I' = \frac{10}{9+4} \text{ A} \approx 0.769 \text{ A}$$

当 3 A 电流源单独作用时

$$I'' = -3 \times \frac{4}{4+9} \text{ A} \approx -0.923 \text{ A}$$

$$I = I' + I'' = [0.769+(-0.923)] \text{ A} \approx -0.154 \text{ A}$$

　　注意:叠加定理是从线性电路的基本特征入手,利用参考方向的概念得出结果的一种线性电路的分析方法。学习叠加定理不仅可用它分析、计算具体的电路,更重要的是掌握其分析思想,用它来推导线性电路某些重要定理和引出某些重要的分析方法。

　　叠加定理只适用于线性电路的分析。在运用叠加定理求解线性电路的过程中,遇到含有受控源的电路时,不能把受控源看做独立源进行处理,而要把受控源看做一般的无源二端元件,因为受控源的受控量是受电路结构和各元件的参数制约的。

练习与思考

2.4.1　用叠加定理求图 2.4.4 所示电路中的电压 U。

2.4.2　用叠加定理求图 2.4.5 所示电路中的电压 U。

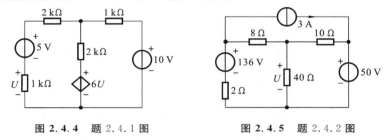

图 2.4.4　题 2.4.1 图　　　　　　　图 2.4.5　题 2.4.2 图

2.4.3　用叠加定理求图 2.4.6 所示电路中的电压 U。

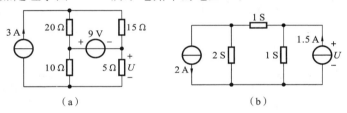

（a）　　　　　　　　　　　（b）

图 2.4.6　题 2.4.3 图

2.5　戴维宁定理和诺顿定理

2.5.1　戴维宁定理

　　戴维宁定理即电源等效定理,它是指任意一个含有独立电源的线性电阻电路单口网络 N_S,可以等效为一个电压源和一个电阻串联的单口网络。如图 2.5.1 所示,等效电源的电压 U 在数值上等于有源二端网络的开路电压 U_{OC};等效电源的内阻 R_0 等于把有源二端网络除源化为无源二端网络后的入端电阻 R。

$$U = R_0 I + U_{OC} \tag{2.5.1}$$

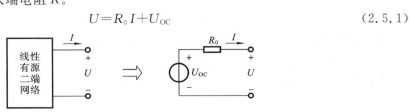

图 2.5.1　戴维宁定理示意图

2.5.2　利用戴维宁定理的解题步骤

利用戴维宁定理的解题步骤如下。

（1）将待求支路断开，得到一个有源二端网络。

（2）求解有源二端网络的开路电压 U_{OC}，计算方法有电阻性网络法、电源等效变换等。

（3）求解等效电阻 R_0，先令二端网络中的所有理想电源置零（电压源短路，电流源开路），得到无源二端网络后，再利用无源网络的等效变换法求解其等效电阻，或者利用开路/短路法等求解其等效电阻。

（4）开路短路法是求解等效电阻的一种常用方法，它要求先求出有源二端网络的开路电压 U_{OC} 和短路电流 I_{SC}，入端电阻的等效电阻为

$$R_{\mathrm{i}} = \frac{U_{\mathrm{OC}}}{I_{\mathrm{SC}}} \tag{2.5.2}$$

【例 2.5.1】　应用戴维宁定理求解图 2.5.2(a)所示电路中 5 Ω 电阻上的电压 U。

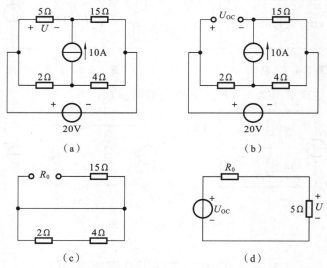

图 2.5.2　例 2.5.1 图

解　根据图 2.5.2(b)所示开路电压 U_{OC} 等效电路可得

$$U_{\mathrm{OC}} = (20 - 10 \times 15)\ \mathrm{V} = -130\ \mathrm{V}$$

根据图 2.5.2(c)所示入端电阻 R_0 等效电路可得

$$R_0 = 15\ \Omega$$

最后根据图 2.5.2(d)所示戴维宁等效电路可求出 5 Ω 电阻上的电压为

$$U = U_{\mathrm{OC}} \cdot \frac{5}{R_0 + 5} = -130 \times \frac{5}{5 + 15}\ \mathrm{V} = -32.5\ \mathrm{V}$$

【例 2.5.2】　求解图 2.5.3 所示电路中通过 14 Ω 电阻的电流 I。

解　将待求支路断开，先求出戴维宁等效电源

$$U_{\mathrm{OC}} = \left(12.5 \times \frac{2.5}{10 + 2.5} - 12.5 \times \frac{20}{5 + 20}\right)\ \mathrm{V} = -7.5\ \mathrm{V}$$

$$R_0 = \left(\frac{10 \times 2.5}{10 + 2.5} + \frac{5 \times 20}{5 + 20}\right)\ \Omega = 6\ \Omega$$

再把待求支路接到等效电源两端,应用全电路欧姆定律即可求出待求电流为

$$I = \frac{U_{OC}}{R_0 + 14} = \frac{-7.5}{6 + 14} \text{ A} = -0.375 \text{ A}$$

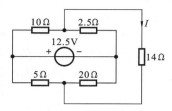

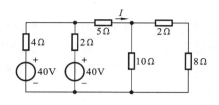

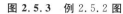

图 2.5.3　例 2.5.2 图　　　　　　　　　　　图 2.5.4　例 2.5.3 图

【例 2.5.3】　用戴维宁定理求解图 2.5.4 所示电路中的电流 I。再用叠加定理进行校验。

解　断开待求支路,求出等效电源为

$$U_{OC} = 40 \text{ V}$$

$$R_0 = [2 /\!/ 4 + (2 + 8) /\!/ 10] \ \Omega \approx 6.33 \ \Omega$$

因此电流为

$$I = \frac{40}{6.33 + 5} \text{ A} \approx 3.53 \text{ A}$$

用叠加定理校验。当左边理想电压源单独作用时

$$I' = \frac{40}{4 + \{[(2+8) /\!/ 10] + 5\} /\!/ 2} \times \frac{2}{2 + 10} \text{ A} \approx 1.176 \text{ A}$$

当右边理想电压源单独作用时

$$I'' = \frac{40}{2 + \{[(2+8) /\!/ 10] + 5\} /\!/ 4} \times \frac{4}{4 + 10} \text{ A} \approx 2.353 \text{ A}$$

因此电流为

$$I = I' + I'' = (1.176 + 2.358) \text{ A} \approx 3.53 \text{ A}$$

【例 2.5.4】　用戴维宁定理求解图 2.5.5(a)、(b)所示各电路中的电流 I。

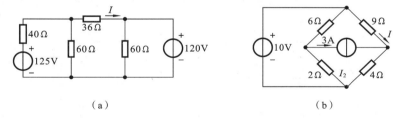

（a）　　　　　　　　　　　　　　　（b）

图 2.5.5　例 2.5.4 图

解　(1) 用戴维宁定理求解图 2.5.5(a)所示电路中的 I。

$$U_{OC} = \left(\frac{125 \times 60}{60 + 40} - 120 \right) \text{ V} = -45 \text{ V}$$

$$R_0 = 40 /\!/ 60 \ \Omega = 24 \ \Omega$$

$$I = \frac{-45}{24 + 36} \text{ A} = -0.75 \text{ A}$$

(2) 用戴维宁定理求解图 2.5.5(b)所示电路中的 I。

$$U_{OC} = (10 - 3 \times 4) \text{ V} = -2 \text{ V}$$

$$R_0 = 4 \ \Omega$$

$$I = \frac{-2}{4+9} \text{ A} \approx -0.154 \text{ A}$$

2.5.3　诺顿定理及其应用

诺顿定理是等效电源定理的另外一种形式,由上面的讨论可以知道,戴维宁定理是将一个线性含源电路简化为一个电压源和一个电阻串联的组合。根据两种实际电源的等效互换,不难得出结论:一个线性含源网络 N_s 也可以简化为一个电流源和一个电导(或电阻)的并联组合。

诺顿定理指出:任何一个线性含源二端网络 N_s,对于外电路而言,可以用一个电流源和一个电导的并联组合等效替代。其中,电流源的电流等于含源二端网络的短路电流 I_{SC},电导等于含源二端网络的全部独立电源置零后的等效电导 G_i(或电阻 R_i),如图 2.5.6 所示。

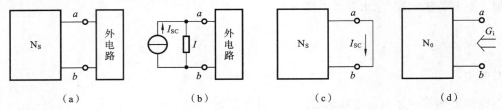

图 2.5.6　诺顿定理等效电路示意图

【**例 2.5.5**】　如图 2.5.7 所示,已知 $U_{S1}=8$ V,$U_{S2}=4$ V,$R_1=R_2=4$ Ω,$R_3=2$ Ω,试根据诺顿定理计算 R_3 的支路电流 I_3。

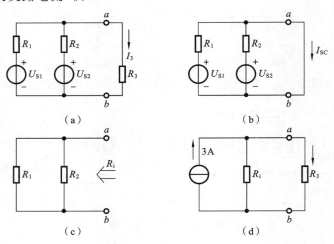

图 2.5.7　例 2.5.5 图

解　(1)求短路电流。将图 2.5.7(a)中电阻 R_3 所在的支路断开,然后将 a、b 两端短接,如图 2.5.7(b)所示,则短路电流为

$$I_{SC} = \frac{U_{S1}}{R_1} + \frac{U_{S2}}{R_2} = \left(\frac{8}{4} + \frac{4}{4} \right) \text{ A} = 3 \text{ A}$$

(2)求等效电阻。将图 2.5.7(b)中的所有独立电源置零,如图 2.5.7(c)所示,则等效电阻为

$$R_i = \frac{R_1 R_2}{R_1 + R_2} = \left(\frac{4 \times 4}{4+4} \right) \text{ Ω} = 2 \text{ Ω}$$

（3）求支路电流 I_3。由 I_{SC} 和 R_i 可以画出诺顿等效电路，然后接上断开的电阻 R_3 支路，如图 2.5.7(d)所示，则支路电流为

$$I_3 = \frac{R_i}{R_i + R_3} \times 3 = \left(\frac{2}{2+2} \times 3\right) \text{ A} = 1.5 \text{ A}$$

练习与思考

2.5.1 应用戴维宁定理将图 2.5.8 所示的各电路化为等效电压源。

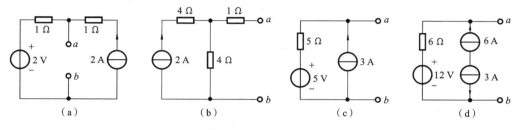

图 2.5.8　题 2.5.1 图

2.5.2 电路如图 2.5.9 所示，求各电路 ab 端的戴维宁等效电路和诺顿等效电路。

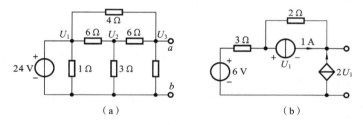

图 2.5.9　题 2.5.2 图

2.5.3 求图 2.5.10 所示电路的戴维宁等效电路和诺顿等效电路。

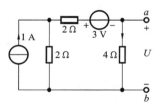

图 2.5.10　题 2.5.3 图

本 章 小 结

1. 支路电流法

支路电流法解题的一般步骤如下：

（1）选定各支路电流的参考方向；

（2）选取 $n-1$ 个独立节点，根据基尔霍夫电流定律列写 KCL 方程；

（3）选取 $b-n+1$ 个独立回路，指定回路的绕行方向，根据基尔霍夫电压定律列写回路电压方程（通常选择网孔作为回路）；

(4) 求解支路电流,根据所求支路电流求出其他要求的量。

2. 回路电流法

回路电流法是系统地分析线性电路的方法之一。回路电流方程实质上是以支路电流为未知变量的 KVL 方程。用回路电流法分析电路的步骤如下:

(1) 设支路电流的参考方向;

(2) 通过对电路的观察,写电路的回路电压方程;

(3) 解方程组,求出各支路电流;

(4) 用 KVL 和功率平衡原理校验计算结果。

3. 节点电位法

节点电位法是系统地分析线性电路的一种重要方法,节点电位方程实质上是以节点电位为未知变量的 KCL 方程。

用节点法分析电路的步骤如下:

(1) 选定参考节点,设 $n-1$ 个独立节点的电位为 $V_1 \sim V_{n-1}$;

(2) 通过对电路的观察,按节点电位方程的一般形式直接列写电路的节点电位方程;

(3) 解方程组,求出各节点电位;

(4) 选择各未知支路电流的参考方向,计算各未知电流;

(5) 用 KCL 和功率平衡原理校验计算结果。

4. 叠加定理

任一线性电路,如果有多个独立源同时激励,则其中任一条支路的响应(电压或电流)等于各独立源单独(或分组)激励时在该支路中产生的响应(电压或电流)的代数和。各独立源单独(或分组)激励时,其余电压源一律代之以短路、电流源一律代之以开路。

5. 戴维宁定理和诺顿定理

任一线性含源单口网络都可以等效化简为一个实际电压源模型,其中电压源的电压等于该网络的开路电压 U_{OC};串联电阻等于该网络中所有的电压源代之以短路、电流源代之以开路后,所得无源单口网络的等效电阻 R_0。或等效为一个实际的电流源,电流源电流等于该网络的短路电流 I_{SC},并联电路 R_0 与戴维宁定理的串联电阻一致。用戴维宁定理化简单口网络对电路的连接方式没有限制,因此适用范围更广。

习　题　二

2. 1　在图 2.1 所示电路中,已知 $E_1 = 110$ V, $E_2 = 90$ V, $R_1 = 1$ Ω, $R_2 = 0.6$ Ω, $R_3 = 24$ Ω。用支路电流法求各支路电流。

2. 2　用支路电流法求图 2.2 所示电路中的未知支路电流。

2. 3　在图 2.3 所示电路中,已知 $U_{S1} = 38$ V, $U_{S2} = 12$ V, $I_{S1} = 2$ A, $I_{S2} = 1$ A, $R_1 = 6$ Ω, $R_2 = 4$ Ω。用支路电流法求各未知支路电流,并计算出各理想电压源吸收或发出的功率。

2. 4　求图 2.4 所示电路中,A 点的电位。

2. 5　已知图 2.5 所示电路中的 B 点开路。求 B 点电位。

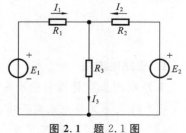

图 2.1　题 2.1 图

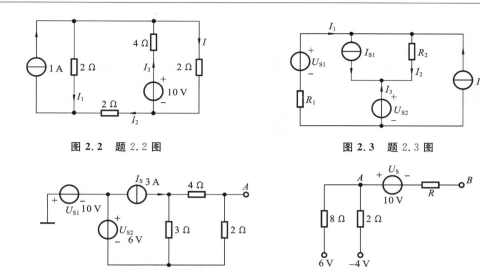

图 2.2　题 2.2 图　　　　　　　　　　　　　　图 2.3　题 2.3 图

图 2.4　题 2.4 图　　　　　　　　　　　　　　图 2.5　题 2.5 图

2.6　在图 2.6 所示的电路中,已知 $I_S=1\ \text{mA}$,$R_1=5\ \text{k}\Omega$,$R_2=R_3=10\ \text{k}\Omega$,求 A 点的电位及支路电流 I_1、I_2。

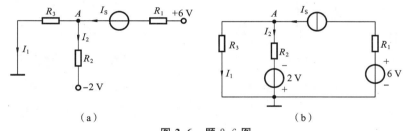

（a）　　　　　　　　　　　　　　　　　　（b）

图 2.6　题 2.6 图

2.7　试求图 2.7 所示电路中的 U 和 I。

2.8　在图 2.8 所示电路中,已知 $U_{S1}=224\ \text{V}$,$U_{S2}=220\ \text{V}$,$U_{S3}=216\ \text{V}$,$R_1=R_2=R_3=50$ Ω。用节点电压法计算电压 $U_{N'N}$ 和电流 I_1。

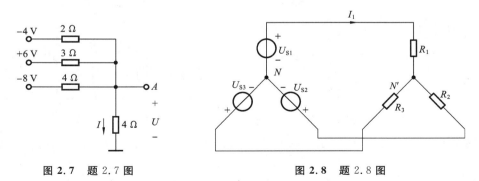

图 2.7　题 2.7 图　　　　　　　　　　　　　　图 2.8　题 2.8 图

2.9　在图 2.9 所示电路中,已知 $R_1=1\ \Omega$,$R_2=R_3=R_4=R_5=6\ \Omega$。试用叠加原理求电流 I。

2.10　在图 2.10 所示电路中,已知:$I_S=10\ \text{A}$,$R_2=R_3$,当 S 断开时,$I_1=2\ \text{A}$,$I_2=I_3=4$ A,利用叠加原理求 S 闭合后的电流 I_1、I_2 和 I_3。

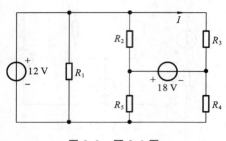

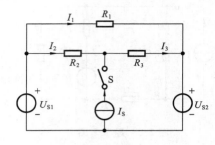

图 2.9　题 2.9 图　　　　　　　　　　图 2.10　题 2.10 图

2.11　在图 2.11 所示电路中,已知 $U_S=16$ V,$I_S=4$ A,$R=1$ Ω,$R_1=R_4=2$ Ω,$R_2=R_3=3$ Ω,试用叠加原理求电压 U_{AB} 和 U。

2.12　电路如图 2.12 所示,试用戴维宁定理求支路 ab 的电流 I。

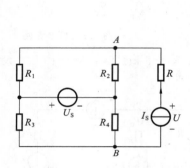

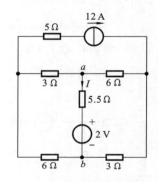

图 2.11　题 2.11 图　　　　　　　　　　图 2.12　题 2.12 图

2.13　图 2.13 中,已知 $U_S=20$ V,$I_S=10$ A,$R_1=6$ Ω,$R_2=4$ Ω,$R_3=4$ Ω,$R_4=6$ Ω,试用戴维宁定理求 R_4 上的电压 U。

2.14　电路如图 2.14 所示,已知 $I=0.5$ A,试求电阻 R。

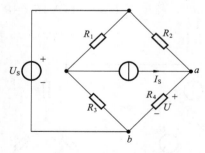

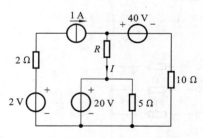

图 2.13　题 2.13 图　　　　　　　　　　图 2.14　题 2.14 图

2.15　电路如图 2.15 所示,$R_1=8$ Ω,$R_2=5$ Ω,$R_3=4$ Ω,$R_4=6$ Ω,$R_5=12$ Ω。用戴维宁定理求电流 I_3。

2.16　在图 2.16 电路中,已知 $R_1=R_4=3$ Ω,$R_2=4$ Ω,$R_3=6$ Ω。用戴维宁定理求电流 I_4。

2.17　在图 2.17 所示电路中,已知 $U_S=32$ V,$I_S=4$ A,$R_1=6$ Ω,$R_2=2$ Ω,$R_3=8$ Ω,$R_4=4$ Ω。求 A、B 两点间的开路电压 U_0。若用一导线将 A、B 连接起来,用戴维宁定理求该导线中的电流 I_{AB}。

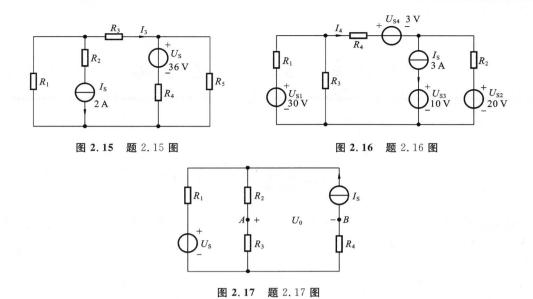

图 2.15　题 2.15 图　　　　　　　图 2.16　题 2.16 图

图 2.17　题 2.17 图

第3章 正弦交流电路

3.1 正弦交流电的基本概念

正弦电流、电压和电动势是按照正弦规律周期性变化的,正弦量的瞬时值可用三角函数式
(或称瞬时值表达式)表示,如正弦电流 i 的三角函数
式为

$$i = I_m \sin(\omega t + \psi) \qquad (3.1.1)$$

该正弦电流对应的波形图(或称正弦波形)如图
3.1.1所示。由波形图可见,正弦量的特征表现在变化的
快慢、幅度的大小及初始位置三个方面,而它们分别由频
率(或周期)、幅值(或有效值)和初相位来描述。通常称
频率、幅值和初相位为正弦量的三要素。

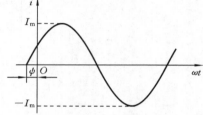

图 3.1.1 正弦交流电流的波形

3.1.1 正弦量的参考方向

前面讨论直流电路时,必须首先给定电路中各电压和电流的参考方向,否则无法列写方
程。在交流电路的分析中,由于正弦电压和电流的方向是周期性变化的,给定的各电压、电流
的参考方向代表正半周时的方向。图 3.1.2(a)所示波形的正半周时段中,电压和电流都为正
值,则图 3.1.2(b)所示电路中其实际方向与参考方向相同;而在负半周时段中,电压和电流都
为负值,故其实际方向与参考方向相反。图中的虚线箭头代表电流的实际方向;⊕、⊖代表电
压的实际方向(极性)。图 3.1.2(b)所示电路中负载为纯电阻,电压 u 和电流 i 采用关联参考
方向,即电压 u 和电流 i 的参考方向相同。

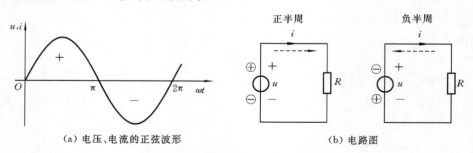

(a) 电压、电流的正弦波形　　　　　　　　　　(b) 电路图

图 3.1.2 电压与电流的参考方向

3.1.2 正弦量的三要素

1. 频率与周期

正弦函数是周期函数,通常将正弦量交变一次所需要的时间称为周期,用 T 表示,单位为

秒(s)，如图 3.1.3 所示。每秒内交变次数称为频率，用 f 表示，单位为赫兹（Hz）。由此可知频率和周期互为倒数，即

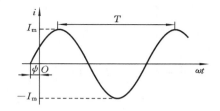

$$f = \frac{1}{T} \quad \text{或} \quad T = \frac{1}{f} \tag{3.1.2}$$

正弦量变化的快慢除可用频率和周期表示外，还可以用角频率 ω 表示，其单位为弧度/秒（rad/s）。因为一个周期内经历了 2π 弧度，所以角频率为

图 3.1.3　正弦量的三要素

$$\omega = \frac{2\pi}{T} = 2\pi f \tag{3.1.3}$$

角频率 ω 与频率 f 成正比，与周期 T 成反比。

【**例 3.1.1**】　已知某正弦量的周期 $T = 0.02$ s，试求其频率 f 和角频率 ω 各为多少？

解
$$f = \frac{1}{T} = \frac{1}{0.02} \text{ Hz} = 50 \text{ Hz}$$

$$\omega = 2\pi f = 100\pi \text{ rad/s} = 314 \text{ rad/s}$$

我国和大多数国家将发电厂生产的交流电的频率都规定为 50 Hz，50 Hz 的频率作为我国电力系统和工业用电的标准频率，习惯上称为工频。

除工频外，在其他技术领域里还用着各种不同的频率。例如，高速电动机的频率范围为 150～2000 Hz；收音机中波段的频率为 530～1600 Hz，短波段的频率为 2.3～23 MHz；移动通信的频率为 900 MHz 和 1800 MHz；人的听觉系统能感觉到的频率通常称为声频或低频，其范围是 20 Hz～20 kHz。

2. 幅值与有效值

正弦量在任一瞬间的值称为瞬时值。电流、电压和电动势的瞬时值分别用小写字母 i、u 和 e 表示。最大的瞬时值称为最大值或幅值，如图 3.1.3 所示。幅值用加注下标 m 的大写字母表示，如 I_m、U_m 和 E_m 分别表示电流、电压和电动势的幅值。

幅值虽然能够反映出交流电量的大小，但它仅是一个特定瞬间的数值，不便于反映电压和电流做功的效果。因此，正弦量的大小通常用其有效值来计量。交流量的有效值是由它的热效应来定义的。以电流为例，如图 3.1.4 所示，若某一周期电流 i（正弦或非正弦周期的）和某一直流电流 I，分别流经两个阻值相等的电阻 R 时，如果在相同的时间（如在正弦电流 i 的一个周期 T）内，它们分别在各自的电阻上产生的热量相等（或称热效应相等），则该周期电流 i 的有效值在数值上就等于这个直流电流 I 的大小。也就是说，周期电流的有效值就是和它在相同的时间内热效应相当的直流电流的值。

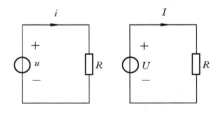

图 3.1.4　正弦交流电流的有效值

根据上述定义，可得

$$\int_0^T R i^2 \, \mathrm{d}t = R I^2 T$$

由此可得出求周期电流的有效值的一般公式为

$$I = \sqrt{\frac{1}{T} \int_0^T i^2 \, \mathrm{d}t} \tag{3.1.4}$$

可见,周期电流的有效值就是这个电流瞬时值的平方在一个周期内积分平均后的平方根,所以有效值又称为方均根值。式(3.1.4)适用于周期性变化的正弦(或非正弦)量,但不能用于非周期量。

对于一个正弦交流电流来说,若 $i = I_m \sin(\omega t + \psi)$,则其有效值为

$$I = \sqrt{\frac{1}{T}\int_0^T I_m^2 \sin^2(\omega t + \psi)\mathrm{d}t} = \sqrt{\frac{I_m^2}{T}\int_0^T \frac{1 - \cos 2(\omega t + \psi)}{2}\mathrm{d}t}$$

$$= I_m\sqrt{\frac{1}{2T}\left(\int_0^T \mathrm{d}t - \int_0^T \cos 2(\omega t + \psi)\mathrm{d}t\right)} = I_m\sqrt{\frac{1}{2T}(T - 0)}$$

$$= \frac{I_m}{\sqrt{2}} = 0.707\,I_m \tag{3.1.5}$$

从图 3.1.4 可知,若周期电流 i 是由作用于电阻 R 两端的周期电压 u 引起的,则由式(3.1.4)就可推得周期电压的有效值

$$U = \sqrt{\frac{1}{T}\int_0^T u^2\mathrm{d}t}$$

若电压 u 是正弦量,即 $u = U_m \sin(\omega t + \psi)$,则

$$U = \frac{U_m}{\sqrt{2}} = 0.707\,U_m \tag{3.1.6}$$

同理,正弦电动势的有效值与最大值的关系为

$$E = \frac{E_m}{\sqrt{2}} = 0.707\,E_m \tag{3.1.7}$$

正弦量的有效值用大写字母表示,与表示直流电量的字母一样。工程上常说的交流电压和电流的大小,例如,交流电压 380 V、220 V 都是指其有效值。一般交流电压表和电流表测量的数值都是有效值。电器设备铭牌上的电压、电流也是有效值。在计算电路元件耐压值和绝缘的可靠性时,要用幅值,即最大值。

【例 3.1.2】 已知 $u = U_m \sin(\omega t + \psi)$,$U = 220$ V,$\psi = -\dfrac{\pi}{2}$,$f = 50$ Hz,试求该电压 u 的幅值 U_m、角频率 ω 及时间 $t = 0.025$ s 时的瞬时值。

解 电压的幅值

$$U_m = \sqrt{2}U = 310 \text{ V}$$

角频率

$$\omega = 2\pi f = 100\pi \text{ rad/s}$$

当 $t = 0.025$ s 时,瞬时值

$$u = U_m \sin(2\pi f t + \psi) = 310\sin\left(\frac{100\pi}{40} - \frac{\pi}{2}\right) \text{ V}$$

$$= 300\sin 2\pi \text{ V} = 0 \text{ V}$$

3. 相位与初相位

通常将正弦交流电瞬时值函数中的 $(\omega t + \psi)$ 称为正弦量的相位角,简称相位。它反映正弦量随时间变化的进程,对于每一确定的时刻,都有相应的相位和瞬时值。时间 $t = 0$ 时刻的相位就是初相位。正弦量的初相位为 ψ。

图 3.1.5 所示波形图表示的 3 个电流的三角函数式及初相位分别为

$$i_1 = I_m \sin(\omega t + \psi_1), \quad \psi_1 = 0$$
$$i_2 = I_m \sin(\omega t + \psi_2), \quad \psi_2 > 0$$
$$i_3 = I_m \sin(\omega t + \psi_3), \quad \psi_3 < 0$$

3.1.3　同频率正弦量的相位差

在同一个正弦交流电路中,电流和电压都是同频率的正弦量,但它们的初相位不一定相同。图 3.1.6 所示的是同一电路中的某电压和电流的波形,它们的初相位不同,但任何时刻它们的相位差都是固定不变的,或者说选取不同的时刻作为计时的起点,两者的初相位会随之改变,但是它们的相位差是不变的。图 3.1.6 中的电压和电流的三角函数式为

$$u = U_m \sin(\omega t + \psi_1), \quad i = I_m \sin(\omega t + \psi_2)$$

它们的相位差值为

$$\varphi = (\omega t + \psi_1) - (\omega t + \psi_2) = \psi_1 - \psi_2$$

由此可见,两个同频率正弦量的相位差(或相位角差)是两个正弦量的初相位之差。对于两个不同频率的正弦量,因为不同时刻会有不同的相位差,不具有可比性。

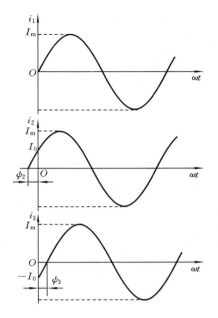

图 3.1.5　正弦交流电流的初相位

由图 3.1.6 可知,电压的初相位为 ψ_1,电流的初相位为 ψ_2,两者都大于 0,且 $\psi_2 > \psi_1$,故两者的相位差 $\varphi = \psi_1 - \psi_2 < 0$,称电流超前电压为 $|\varphi|$ 角,或者说电压比电流滞后 $|\varphi|$ 角,也称 u 与 i 不同相。

在图 3.1.7 中,u_1 与 u_2 的初相位都为 0,相位差也为 0,称 u_1 与 u_2 同相;而 i 的初相位为 $\psi = \pm\pi = \pm 180°$,与 u_1、u_2 的相位差都为 $\pm 180°$,称 i 与 u_1、u_2 反相。

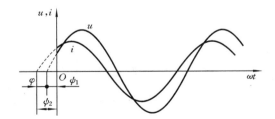

图 3.1.6　正弦电压和电流的初相位不相等

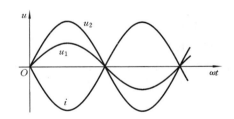

图 3.1.7　正弦量的同相与反相

【例 3.1.3】　已知 $u = 220\sqrt{2}\sin(\omega t + 53°)$ V,$i = 3\sqrt{2}\sin(\omega t - 37°)$ A,求它们的相位差,并说明它们的相位关系,即哪个超前或者哪个滞后。

解　电压 u 的初相位 $\psi_u = 53°$,电流 i 的初相位 $\psi_i = -37°$,则电压与电流的相位差为

$$\varphi = \psi_u - \psi_i = 53° - (-37°) = 90°$$

$\varphi > 0$,表明电压超前电流 90°,或电流滞后电压 90°,称 u 与 i 正交。

练习与思考

3.1.1　已知 $i = 10\sin(314t - 30°)$ mA,试指出它的频率、周期、角频率、幅值、有效值及初相位各为多少? 并画出其波形图。

3.1.2 将题 3.1.1 中电流的参考方向选为相反的方向,其频率、有效值及初相位是否改变?

3.1.3 已知 $u = 220\sqrt{2}\sin\left(\omega t - \dfrac{\pi}{4}\right)$ V,试分别求下列各条件下电压的瞬时值。

(1) $f = 1000$ Hz,$t = 0.375$ ms;　　　(2) $\omega t = \dfrac{4\pi}{5}$ rad;

(3) $\omega t = 90°$;　　　　　　　　　(4) $t = \dfrac{7}{8}T$。

3.1.4 已知 $u_1 = 20\sin(3140t - 60°)$ V,$u_2 = 8\sqrt{2}\sin(3140t + 45°)$ V,试求 u_1 与 u_2 的相位差,并画出它们的波形图,判断谁超前、谁滞后。

3.1.5 若 $i_1 = 15\sin(200\pi t + 45°)$ A,$i_2 = 20\sin(250\pi t - 30°)$ A,则 i_1 超前 i_2 75°,对不对?

3.1.6 已知某正弦电压在 $t = 0$ 时为 100 V,其初相位为 45°,它的有效值是多少?

3.2 正弦量的相量表示法

用复数来表示正弦量的方法称为正弦量的相量表示法。由于相量表示法涉及复数的运算,先回顾一下复数的有关知识。

3.2.1 复数的相关知识

1. 复数的表示形式

在数学中常用 $A = a + bi$ 表示复数,其中 i 表示虚单位。为了与电流区别开,在电工技术中将虚单位改写为 j。复数有以下四种表示方法。

(1) 代数形式　　　　　　　$A = a + jb$

(2) 三角形式　　　　　　　$A = r\cos\theta + jr\sin\theta$

(3) 指数形式　　　　　　　$A = re^{j\theta}$

(4) 极坐标形式　　　　　　$A = r\angle\theta$

式中,a 表示实部;b 表示虚部;r 表示复数的模;θ 表示复数的幅角,它们之间的关系是

$$r = \sqrt{a^2 + b^2}, \quad \theta = \arctan\frac{b}{a}$$

$$a = r\cos\theta, \quad b = r\sin\theta$$

复数的这四种表示方法是可以互相转换的。通常在对复数进行加减运算时采用其代数式,在对复数进行乘除运算时采用其极坐标式。

建立一直角坐标系,令横轴表示复数的实部,称为实轴,以 +1 为单位,纵轴表示虚部,称为虚轴,以 +j 为单位,如图 3.2.1 所示。复平面中的有向线段对应复数 A,其实部为 a,其虚部为 b,r 对应复数的模,有向线段与实轴正方向间的夹角对应复数的幅角 θ。显然,

$$a = r\cos\theta, \quad b = r\sin\theta$$

2. 复数的运算

复数的加减运算通常用代数形式进行。运算时,遵循实部

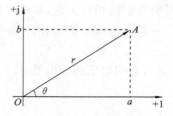

图 3.2.1　复数在复平面中的表示方法

与实部相加、减,虚部与虚部相加、减的原则。设 $A_1 = a_1 + jb_1$,$A_2 = a_2 + jb_2$,则

$$A_1 \pm A_2 = (a_1 \pm a_2) + j(b_1 \pm b_2)$$

复数的乘法运算通常用指数形式或极坐标形式进行。运算时,遵循模相乘,幅角相加原则。设 $A_1 = |A_1| e^{j\theta_1} = |A_1| \angle \theta_1$,$A_2 = |A_2| e^{j\theta_2} = |A_2| \angle \theta_2$,则

$$A_1 \cdot A_2 = |A_1| \times |A_2| e^{j(\theta_1 + \theta_2)} = |A_1| \times |A_2| \angle (\theta_1 + \theta_2)$$

复数的除法运算通常也采用指数形式或极坐标形式进行。运算时,遵循模相除,幅角相减原则。设 $A_1 = |A_1| e^{j\theta_1} = |A_1| \angle \theta_1$,$A_2 = |A_2| e^{j\theta_2} = |A_2| \angle \theta_2$,则

$$\frac{A_1}{A_2} = \frac{|A_1|}{|A_2|} e^{j(\theta_1 - \theta_2)} = \frac{|A_1|}{|A_2|} \angle (\theta_1 - \theta_2)$$

3.2.2 正弦量的相量表示法

设某正弦电流为

$$i = I_m \sin(\omega t + \psi) = \sqrt{2} I \sin(\omega t + \psi)$$

如图 3.2.2 所示,在复平面上作相量 $\dot{I}_m$,其长度按比例等于 i 的最大值 I_m,其幅角等于 i 的初相 ψ。i 的角频率为 ω,令相量 $\dot{I}_m$ 以 ω 大小的角速度绕原点逆时针旋转,$t = 0$ 时,在虚轴上的投影 $OA = I_m \sin\psi$,即为 i 在 $t = 0$ 时的值,经过时间 t_1,相量在虚轴上的投影 $OB = I_m \sin(\omega t_1 + \psi)$,即为 i 在 t_1 时刻的瞬时值,这样,一个旋转相量每个瞬间在虚轴上的投影就与正弦量的瞬时值对应起来了。这个相量的模是正弦量的最大值,幅角是正弦量的初相。

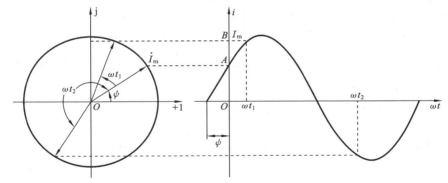

图 3.2.2 用正弦波形和旋转有向线段来表示正弦量

正弦量可用旋转有向线段表示,有向线段可用复数表示,所以正弦量也可用复数来表示。由于在正弦电路中,所有电流、电压都是同频率的正弦量,表示它们的那些旋转相量角速度相同,相对位置始终不变,因此,无需考虑它们的旋转,只用起始位置的相量就能表示正弦量了。所谓相量表示法,就是用模等于正弦量的最大值(或有效值)、幅角等于正弦量初相的复数对应表示正弦量。模等于正弦量有效值的相量称为有效值相量,用 $\dot{I}$、$\dot{U}$ 表示,模等于正弦量最大值的相量称为最大值相量,用 $\dot{I}_m$、$\dot{U}_m$ 表示。

正弦电流

$$i = I_m \sin(\omega t + \psi) = \sqrt{2} I \sin(\omega t + \psi)$$

通常,用正弦量有效值相量的极坐标形式来表示,$\dot{I} = I \angle \psi$。将同频率正弦量的相量画在同一复平面上所得的图称为相量图。

【例 3.2.1】 已知正弦电压

$$u_1 = 100\sqrt{2}\sin\left(\omega t + \frac{\pi}{3}\right) \text{ V}, \quad u_2 = 50\sqrt{2}\sin\left(\omega t + \frac{\pi}{6}\right) \text{ V}$$

写出 u_1 和 u_2 的相量，并画出相量图。

解 u_1 的有效值相量为 $\quad\quad \dot{U}_1 = 100\angle\dfrac{\pi}{3} \text{ V}$

u_2 的有效值相量为 $\quad\quad \dot{U}_2 = 50\angle\dfrac{\pi}{6} \text{ V}$

相量图如图 3.2.3 所示。

在进行电路分析时，常常需要对多个电流、电压比较相位的超前和滞后，可先设定一个初相为零的正弦量，即参考正弦量，其对应相量称为参考相量（用虚线表示），然后在相量图上画出其余相量。从相量图上可以直观地看出几个相量之间的相位关系，显然在图 3.2.3 中，$\dot{U}_1$ 超前 $\dot{U}_2$。

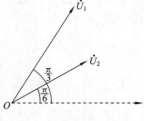

图 3.2.3 例 3.2.1 图

在电路分析中，有时需要对两个正弦量进行相加或相减运算，如果直接用波形法或三角函数运算法则，过程是比较繁琐的。由数学知识可以证明，同频率正弦量相加或相减，所得结果仍是一个同频率正弦量。因此，就可以用相量来表示其相应的运算。

设有两个同频率正弦量 u_1、u_2，要求出同频率正弦量之和 u，若 $u = u_1 + u_2$，则有 $\dot{U} = \dot{U}_1 + \dot{U}_2$。因此，同频率正弦量相加的问题可以化成对应的相量相加的问题，其步骤如下。

(1) 由相加的正弦量的解析式写出相应的相量，并表示为代数形式。

(2) 按复数运算法则进行相量相加，求出和的相量。

(3) 由和的相量的有效值和初相写出和的正弦量。

【例 3.2.2】 已知 $u_1 = 220\sqrt{2}\sin\omega t$ V，$u_2 = 220\sqrt{2}\sin(\omega t - 120°)$ V，若 $u = u_1 + u_2$，求 u 和 $\dot{U}$。

解 (1) 相量直接求和。

$$\dot{U}_1 = 220\angle 0° = (220 + j0) \text{ V}$$

$$\dot{U}_2 = 220\angle(-120°) \text{ V} = [220\cos(-120°) + j220\sin(-120°)] \text{ V}$$

$$= (-110 - j110\sqrt{3}) \text{ V}$$

$$\dot{U} = \dot{U}_1 + \dot{U}_2 = [(220 - 110) + j(0 - 110\sqrt{3})] \text{ V}$$

$$= (110 - j110\sqrt{3}) \text{ V} = 220\angle(-60°) \text{ V}$$

$$u = u_1 + u_2 = 220\sqrt{2}\sin(\omega t - 60°) \text{ V}$$

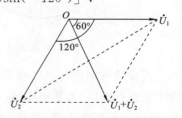

图 3.2.4 例 3.2.2 图

(2) 作相量图求解。如图 3.2.4 所示，$\dot{U}_1$、$\dot{U}_2$ 有效值相等，对应的两有向线段夹角为 120°，解三角形可以得出 $\dot{U}_1 + \dot{U}_2$ 对应的有向线段为等边三角形的一条边，其有效值为 220 V，初相为 60°。

练习与思考

3.2.1 已知相量 $\dot{I}_1 = (2\sqrt{3} + j2)$ A，$\dot{I}_2 = (2 + j2)$ A，试把它们化为极坐标式，并写成正弦量的瞬时值表达式。

3.2.2 写出下列各正弦量对应的相量，并画出相量图。

$$u_1 = -220\sqrt{2}\sin\omega t \text{ V}$$
$$i_1 = 7.07\sin(\omega t + 30°) \text{ A}$$
$$u_2 = 110\sqrt{2}\sin(\omega t - 120°) \text{ V}$$
$$i_2 = 5\sqrt{2}\sin(\omega t - 45°) \text{ A}$$

3.2.3　已知

$$u_1 = 8\sin(\omega t + 60°) \text{ V}, \quad u_2 = 6\sin(\omega t - 30°) \text{ V}$$

试用复数计算 $u = u_1 + u_2$，并作相量图。

3.3　单一参数的正弦交流电路

正弦交流电路的分析就是确定电路中各电压与电流之间的大小及相位关系，并讨论电路中能量的转换、功率的计算及功率因数提高的过程。

最简单的交流电路是由单一参数元件（如电阻、电感、电容）组成的电路，其他较复杂的交流电路不过是由这些单一参数元件电路组合而成的。所以首先分析单一参数正弦交流电路中电压与电流关系、功率关系。

3.3.1　电阻元件的交流电路

图 3.3.1(a) 所示的是一个线性电阻元件的交流电路，电压 u 与电流 i 的参考方向相同，根据欧姆定律有

$$u = Ri$$

设流过电阻的电流 $i = I_m \sin\omega t$，则

$$u = Ri = RI_m\sin\omega t = U_m\sin\omega t \tag{3.3.1}$$

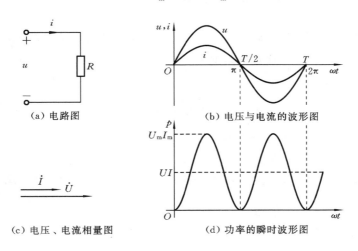

(a) 电路图　　　　　　(b) 电压与电流的波形图

(c) 电压、电流相量图　　　(d) 功率的瞬时波形图

图 3.3.1　电阻元件的交流电路

比较上列两式可知，在电阻元件的交流电路中，电压和电流是同相的（相位差为 $\varphi = 0$）。电压和电流的波形如图 3.3.1(b) 所示。

在式 (3.3.1) 中

$$U_m = RI_m \quad 或 \quad \frac{U_m}{I_m} = \frac{U}{I} = R \tag{3.3.2}$$

由此可见,在电阻元件交流电路中,电压、电流的幅值(或有效值)之比值就是电阻 R。

如果将电压与电流的关系用相量来表示,则为

$$\dot{I} = I\angle 0°, \quad \dot{U} = U\angle 0°, \quad \frac{\dot{U}}{\dot{I}} = \frac{U}{I}\angle 0° = R \text{ 或 } \dot{U} = R\dot{I} \tag{3.3.3}$$

式(3.3.3)为相量形式的欧姆定律。电压和电流的相量图如图 3.3.1(c)所示。

电路在任一瞬间吸收或释放出的功率称为瞬时功率,用小写字母 p 表示。它由瞬时电压与电流的乘积来决定,即

$$p = ui = U_m\sin\omega t \cdot I_m\sin\omega t = \frac{U_m I_m}{2}(1-\cos 2\omega t)$$
$$= UI(1-\cos 2\omega t) \tag{3.3.4}$$

由式(3.3.4)可见,p 是由两部分组成的,第一部分是 UI,第二部分是幅值为 UI 并以 2ω 的角频率随时间变化而变化的交变量 $-UI\cos 2\omega t$。p 的变化曲线如图3.3.1(d)所示。由于电压和电流同相位,故瞬时功率恒为非负值,即 $p \geqslant 0$,这表明电阻元件总是吸收功率的,是耗能元件。

瞬时功率是随时间变化而变化的,为了衡量电器设备消耗交流电能的速率,人们定义了平均功率。平均功率是瞬时功率在一个周期内的平均值,用大写字母 P 表示。电阻电路的平均功率为

$$P = \frac{1}{2\pi}\int_0^{2\pi} p\,\mathrm{d}\omega t = \frac{1}{2\pi}\int_0^{2\pi} UI(1-\cos 2\omega t)\,\mathrm{d}\omega t = UI = I^2 R = \frac{U^2}{R} \tag{3.3.5}$$

它与直流电路中电阻消耗功率的公式在形式上是完全一样的。由于平均功率是电阻实际消耗的功率,因此又称为有功功率。

电阻在一段时间 t 内消耗的电能用 W 表示,即

$$W = Pt \tag{3.3.6}$$

【例 3.3.1】　电路如图 3.3.1(a)所示,绕线式电阻 $R = 1$ kΩ,外加电压 $u = 220\sqrt{2}\sin(314t+60°)$ V,试求通过电阻的电流 i 是多少?电阻消耗的功率是多少?如保持电压幅值不变,而电源频率改变为 200 Hz,则这时电流和功率各将变为多少?

解
$$I = \frac{U}{R} = \frac{220}{1\times 10^3} \text{ A} = 220 \text{ mA}$$

$$i = 220\sqrt{2}\sin(314t+60°) \text{ mA}$$

$$P = I^2 R = (220\times 10^{-3})^2 \times 1\times 10^3 \text{ W} = 48.4 \text{ W}$$

若电源频率改变为 200 Hz,因为电阻值的大小与频率无关,所以电压幅值保持不变时,电流和功率都不会变化。

3.3.2　电感元件的交流电路

图 3.3.2(a)所示的是一个线性电感元件的交流电路,当电压 u、电流 i 和电动势 e_L 的参考方向如图 3.3.2(a)中所示时,有

$$u = -e_L = L\frac{\mathrm{d}i}{\mathrm{d}t}$$

设电感中的电流为 $i = I_m\sin\omega t$,则电感两端的电压为

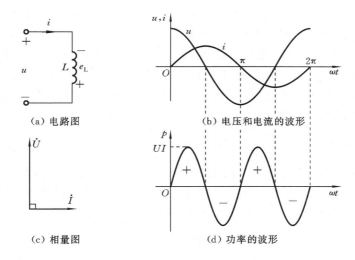

（a）电路图　　　　　　　　　　（b）电压和电流的波形

（c）相量图　　　　　　　　　　（d）功率的波形

图 3.3.2　电感元件的交流电路

$$u = L\frac{\mathrm{d}i}{\mathrm{d}t} = L\frac{\mathrm{d}(I_{\mathrm{m}}\sin\omega t)}{\mathrm{d}t} = \omega L I_{\mathrm{m}}\cos\omega t$$

$$= \omega L I_{\mathrm{m}}\sin(\omega t + 90°) = U_{\mathrm{m}}\sin(\omega t + 90°) \tag{3.3.7}$$

可见，在电感元件电路中，电压与电流是同频率的正弦量，但电压超前电流 90°。电压、电流的波形如图 3.3.2(b)所示。

式(3.3.7)中，$U_{\mathrm{m}} = \omega L I_{\mathrm{m}}$，即

$$\frac{U_{\mathrm{m}}}{I_{\mathrm{m}}} = \frac{U}{I} = \omega L = X_{\mathrm{L}} \tag{3.3.8}$$

当电感的单位为亨［利］(H)，ω 的单位为弧度/秒(rad/s)时，ωL 的单位为欧(Ω)。ωL 对交流电流起阻碍作用，故称为感抗。

由 $X_{\mathrm{L}} = \omega L = 2\pi f L$ 可知，感抗 X_{L} 与频率 f 成正比，即频率越高，感抗越大，对交流电流的阻碍作用就越大。感抗随电流频率变化而变化，如图 3.3.3 所示。而对直流电流而言，因为频率 $f = 0$，则 $X_{\mathrm{L}} = 0$，故电感在直流电路中相当于短路。

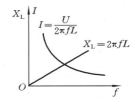

图 3.3.3　感抗、电流与频率的关系

若用相量表示电压与电流，则

$$\dot{I} = I\angle 0°, \quad \dot{U} = U\angle 90°$$

$$\frac{\dot{U}}{\dot{I}} = \frac{U}{I}\angle 90° = \omega L\angle 90° = \mathrm{j}X_{\mathrm{L}}$$

或

$$\dot{U} = \mathrm{j}X_{\mathrm{L}} \cdot \dot{I} = \mathrm{j}\omega L\dot{I} \tag{3.3.9}$$

式(3.3.9)表明，电感的电压与电流的相量关系也具有欧姆定律形式。式(3.3.9)清楚地显示了电感元件的电压 $\dot{U}$ 与电流 $\dot{I}$ 之间的大小与相位关系。电压、电流的相量图如图3.3.2(c)所示。

依据电压和电流的变化规律和相互关系，便可找出瞬时功率的变化规律，即

$$p = ui = U_{\mathrm{m}}I_{\mathrm{m}}\sin\omega t \cdot \sin(\omega t + 90°) = U_{\mathrm{m}}I_{\mathrm{m}}\sin\omega t \cdot \cos\omega t$$

$$= \frac{1}{2}U_{\mathrm{m}}I_{\mathrm{m}}\sin 2\omega t = UI\sin 2\omega t \tag{3.3.10}$$

可见,瞬时功率 p 也是一个幅值为 UI、角频率为 2ω 的正弦量,其波形如图3.3.2(d)所示。从图中可以看出,在电压或电流的第一个和第三个 1/4 周期内,瞬时功率 p 为正值,即电感从电源吸取电能,并转换成为磁场能量而储存起来。在第二个和第四个 1/4 周期内,p 为负值,此时电感将储存的磁场能量向外释放,将磁能转换为电能送还给电网。如此往复循环,电感吸收的能量一定等于释放出的能量,因为整个能量的转化过程中都没有能量的损耗。

在电感元件电路中,平均功率

$$P = \frac{1}{T}\int_0^T p\,\mathrm{d}t = \frac{1}{T}\int_0^T UI\sin2\omega t\,\mathrm{d}t = 0$$

上式进一步说明了在纯电感元件的电路中没有能量的损耗,只存在电感元件和电源间的能量互换,电感被称为储能元件。为了衡量电感与电源交换能量的规模,人们定义了无功功率,用 Q_L 来表示,规定电感无功功率的大小等于瞬时功率的幅值,即

$$Q_L = UI = I^2 X_L = \frac{U^2}{X_L} \qquad (3.3.11)$$

无功功率的单位为乏(var)或千乏(kvar)。

【例 3.3.2】 有一线圈,其电感 $L = 70$ mH,电阻可忽略不计,接到 $u = 220\sqrt{2}\sin314t$ V 的正弦电压上,求线圈的感抗 X_L、流过线圈的电流 $\dot{I}$、无功功率 Q_L。若线圈上电压的大小保持不变,频率变为 5 kHz,则电流为多少?

解 (1) $\qquad\qquad X_L = \omega L = 314 \times 70 \times 10^{-3}$ Ω $= 22$ Ω

(2) 由于 $\dot{U} = U\angle 0° = 220\angle 0°$ V,则

$$\dot{I} = \frac{\dot{U}}{jX_L} = \frac{220\angle 0°}{j22} = -j10 \text{ A} = 10\angle(-90°) \text{ A}$$

则 $\qquad\qquad\qquad i = 10\sqrt{2}\sin(314t - 90°)$ A

(3) $\qquad\qquad Q_L = I^2 X_L = 10^2 \times 22$ var $= 2200$ var

(4) 当 $f = 5$ kHz 时,$X_L = 2\pi fL = 2 \times 3.14 \times 5000 \times 70 \times 10^{-3}$ Ω $= 2200$ Ω

$$I = U/X_L = 220/2200 \text{ A} = 0.1 \text{ A}$$

可见,当电源电压有效值一定时,频率越高,感抗越大,通过电感的电流有效值越小。

3.3.3　电容元件的交流电路

为了与前面介绍的电阻、电感元件电路进行比较,设以电容两端外加的电源电压作为参考正弦量,$u = U_m\sin\left(\omega t - \frac{\pi}{2}\right)$,则电流

$$i = C\frac{\mathrm{d}u}{\mathrm{d}t} = \omega CU_m\cos\left(\omega t - \frac{\pi}{2}\right) = \omega CU_m\sin\omega t = I_m\sin\omega t \qquad (3.3.12)$$

可见,在电容元件电路中,电流与电压为同频率的正弦量,但电压滞后电流90°。电压与电流的波形如图 3.3.4(b)所示。

式(3.3.12)中,$I_m = \omega CU_m$,即

$$\frac{U_m}{I_m} = \frac{U}{I} = \frac{1}{\omega C} = X_C \qquad (3.3.13)$$

由此可见,在电容元件的交流电路中,电压、电流的幅值或有效值之比为 $\frac{1}{\omega C}$,称为容抗。当 ω 的单位为弧度/秒(rad/s),电容 C 的单位为法[拉](F)时,容抗的单位也是欧(Ω)。由 X_C

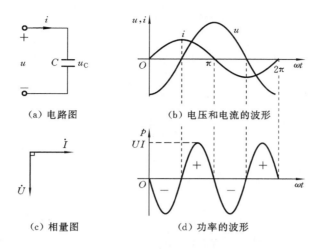

(a) 电路图　　　　　　(b) 电压和电流的波形

(c) 相量图　　　　　　(d) 功率的波形

图 3.3.4　电容元件的交流电路

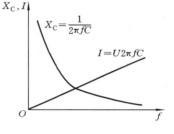

$=\dfrac{1}{\omega C}=\dfrac{1}{2\pi fC}$ 可知，容抗 X_C 与频率 f 成反比。频率越高，容抗就越小。在直流电路中，因为 $f=0$，容抗 $X_C=\infty$，即相当于开路。电容的容抗与电流、频率的关系如图 3.3.5 所示。

图 3.3.5　X_C 和 I 与 f 的关系

如果用相量表示上述电压和电流之间的关系，则有

$$\dot{U}=U\angle(-90^\circ),\qquad \dot{I}=I\angle 0^\circ$$

$$\frac{\dot{U}}{\dot{I}}=\frac{U}{I}\angle(-90^\circ)=\frac{1}{\omega C\angle 90^\circ}=\frac{1}{\mathrm{j}\omega C}=-\mathrm{j}X_C \qquad (3.3.14)$$

式(3.3.14)即为电容上电压和电流关系的相量形式，相量图如图 3.3.4(c)所示。

下面讨论电容电路中的功率问题。电容电路的瞬时功率为

$$p=ui=U_m\sin(\omega t-90^\circ)\cdot I_m\sin\omega t=-U_m I_m\sin\omega t\cos\omega t$$

$$=\frac{-U_m I_m}{2}\sin 2\omega t=-UI\sin 2\omega t \qquad (3.3.15)$$

电容元件的瞬时功率也是一个以 UI 为幅值、以 2ω 为角频率，随时间变化而变化的正弦量，如图 3.3.4(d)所示。从图 3.3.4(d)可以看出，在第一个和第三个 1/4 周期内，因为电压 u 和电流 i 的实际方向相反，电容放电，所以瞬时功率 $p<0$；在第二个和第四个 1/4 周期内，u 和 i 的实际方向相同，电容充电，$p>0$。电容充电时储存能量，电能转化为电场能，而在放电过程中释放能量(将储存的电场能量转换成电能还给电网)。

电容元件电路的平均功率为

$$P_C=\frac{1}{T}\int_0^T p\,\mathrm{d}t=\frac{1}{T}\int_0^T UI\sin 2\omega t\,\mathrm{d}t=0 \qquad (3.3.16)$$

这说明电容元件同样是不消耗能量的，和电感元件一样，它与外电路之间只发生能量的互换。而这个互换能量的规模则由无功功率来度量，同样等于瞬时功率 p 的幅值，即

$$Q_C=UI=I^2 X_C=\frac{U^2}{X_C} \qquad (3.3.17)$$

【例 3.3.3】　已知电源电压 $u=220\sqrt{2}\sin(100t-45^\circ)$ V，将电容值 $C=100\ \mu\mathrm{F}$ 的电容接到电源上。试求通过电容元件的电流 i_C 和无功功率 Q_C。如果保持电源电压的大小不变，而

角频率变为 100 krad/s,则电流将为多少?

解　给定的电源电压

$$\dot{U}=220\angle(-45°)\text{ V}$$

$$X_C=\frac{1}{\omega C}=\frac{1}{100\times100\times10^{-6}}\text{ }\Omega=100\text{ }\Omega$$

则

$$\dot{I}_C=\frac{\dot{U}}{-jX_C}=\frac{220\angle(-45°)\dot{U}}{-j100}=2.2\angle45°\text{ A}$$

由此可得

$$i_C=2.2\sqrt{2}\sin(100t+45°)\text{ A}$$

$$Q_C=I^2X_C=10^2\times22\text{ var}=2200\text{ var}$$

当 $\omega=100$ krad/s 时

$$\dot{I}_C=j\omega C\dot{U}=j100\times10^3\times100\times10^{-6}\times220\angle(-45°)\text{ A}=2.2\angle45°\text{ kA}$$

为了便于读者比较,加深理解,现将 R、L、C 三种元件分别在正弦交流电路中的性质列入表 3.3.1。

表 3.3.1　R、L 和 C 单一元件在正弦稳态电路中的作用和性质

电路元件		R	L	C
物理特征		电能转变成热能的特征	表明磁场能存在的特征	表明电场能存在的特征
特征方程		$U=Ri$	$u=L\dfrac{di}{dt}$	$i=C\dfrac{du}{dt}$
电压与电流	大小关系	$U=IR$	$U=IX_L$ $X_L=\omega L=2\pi fL$	$U=IX_C$ $X_C=\dfrac{1}{\omega C}=\dfrac{1}{2\pi fC}$
	相位关系	u、i 同相 $\varphi=\psi_u-\psi_i=0$	u 超前 $i\,90°$ $\varphi=\psi_u-\psi_i=90°$	u 滞后 $i\,90°$ $\varphi=\psi_u-\psi_i=-90°$
	相量图			
功率	有功功率	$P=UI=I^2R=U^2/R$	0	0
	无功功率	0	$Q_L=UI=I^2X_L=U^2/X_L$	$Q_C=UI=I^2X_C$ $=U^2/X_C$
能量转换的特点		耗能元件 将电能转换成热能消耗掉	储能(磁能)元件 仅与外电路交换能量,不耗能	储能(电场能)元件 仅与外电路交换能量,不耗能
与频率的关系		R 的大小与频率无关	$X_L=2\omega fL\propto f$ 直流时电感相当于短路	$X_C=1/2\pi fC\propto1/f$ 直流时电容相当于开路

练习与思考

3.3.1　在单一元件的正弦交流电路中,其电压和电流的参考方向相同,试判断下列各式

是否正确。

(1) $i=\dfrac{u}{R}$;　　　(2) $\dot{U}=R\dot{I}$;　　　(3) $I=\dfrac{U}{R}$;　　　(4) $u=iX_{\mathrm{L}}$;

(5) $u=L\dfrac{\mathrm{d}i}{\mathrm{d}t}$;　　(6) $\dot{I}=-\mathrm{j}\dfrac{U}{\omega L}$;　　(7) $I=\dfrac{U}{\omega L}$;　　(8) $\dfrac{\dot{U}}{\dot{I}}=X_{\mathrm{L}}$;

(9) $i=\dfrac{u}{X_{\mathrm{C}}}$;　　(10) $I=U\omega C$;　　(11) $\dot{U}=\dot{I}\dfrac{1}{\mathrm{j}\omega C}$;　　(12) $\dfrac{\dot{U}}{\dot{I}}=-\mathrm{j}\omega C$。

3.3.2　在电感电路中,如果保持线圈电压的有效值不变,而电源频率增大 1 倍,则线圈中的电流如何变化?

3.4　基尔霍夫定律的相量形式

3.4.1　基尔霍夫电流定律的相量形式

根据基尔霍夫电流定律,在正弦电路中,对任一节点而言,与它相连接的各支路电流任一时刻的瞬时值的代数和为零,即

$$\sum i = 0$$

既然适用于瞬时值,那么,解析式也肯定适用,即流过电路中的同一个节点的各电流解析式的代数和为零。正弦交流电路中各电流都是同频率的正弦量,把这些正弦量用相量表示,可以推出:正弦电路中任一节点,与它相连接的各支路电流的相量代数和为零,即

$$\sum \dot{I} = 0 \tag{3.4.1}$$

3.4.2　基尔霍夫电压定律的相量形式

根据基尔霍夫电压定律,在正弦电路中,对任一闭合回路而言,各段电压任一刻瞬时值的代数和为零,即

$$\sum u = 0$$

同理,可以推出正弦电路中,任一闭合回路,各段电压的相量代数和为零,即

$$\sum \dot{U} = 0 \tag{3.4.2}$$

【例 3.4.1】　在图 3.4.1 所示电路中,已知电流表 A_1、A_2 的读数都是 5 A,求电流表 A 的读数。

解　设端电压 $\dot{U}=U\angle 0°$V,选定电流的参考方向如图 3.4.1 所示,则

$$\dot{I}_1=5\angle 0°\text{ A}$$
$$\dot{I}_2=5\angle(-90°)\text{ A}$$

由 KVL,有

$$\dot{I}=\dot{I}_1+\dot{I}_2=(10\angle 0°+10\angle(-90°))\text{ A}=(10-10\mathrm{j})\text{ A}$$
$$=10\sqrt{2}\angle(-45°)\text{ A}$$

电流表 A 的读数为 $10\sqrt{2}$ A。

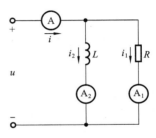

图 3.4.1　例 3.4.1 图

【例 3.4.2】 如图 3.4.2 所示电路中,已知电压表 V_1、V_2、V_3 的读数都是 10 V,求电压表 V 的读数。

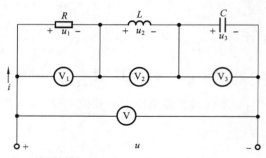

图 3.4.2 例 3.4.2 图

解 设电流 $\dot{I}=10\angle 0°\text{A}$,$i$、$u_1$、$u_2$、$u_3$ 参考方向如图 3.4.2 所示,则

$$\dot{U}_1=10\angle 0°\ \text{V}$$

$$\dot{U}_2=10\angle 90°\ \text{V}$$

$$\dot{U}_3=10\angle(-90°)\ \text{V}$$

由 KVL,有

$$\dot{U}=\dot{U}_1+\dot{U}_2+\dot{U}_3=(10\angle 0°+10\angle 90°+10\angle(-90°))\ \text{V}$$
$$=(10+10\text{j}-10\text{j})\ \text{V}=10\ \text{V}$$

电压表 V 的读数为 10 V。

练习与思考

3.4.1 如图 3.4.3 所示的电路,试写出 KCL 的相量形式。元件 1 和 2 为 R、L、C 中哪一种时,电流有效值有下列关系:

(1) $I_1+I_2=I$;(2) $I_1-I_2=I$;(3) $I_1^2+I_2^2=I^2$。

3.4.2 如图 3.4.4 所示的电路,试写出 KVL 的相量形式。元件 1 和 2 为 R、L、C 中哪一种时,电压有效值有下列关系:

(1) $U_1+U_2=U$;(2) $U_1-U_2=U$;(3) $U_1^2+U_2^2=U^2$。

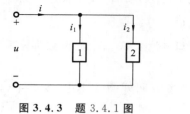

图 3.4.3 题 3.4.1 图

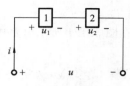

图 3.4.4 题 3.4.2 图

3.5 RLC 串联电路及复阻抗

图 3.5.1(a)所示的为 RLC 串联电路的相量模型,按图中选定的参考方向,根据相量形式的 KVL,可得

$$\dot{U}=\dot{U}_R+\dot{U}_L+\dot{U}_C$$

将各元件电压与电流的相量关系式代入上式,得

$$\dot{U}=R\dot{I}+jX_{L}\dot{I}-jX_{C}\dot{I}=[R+j(X_{L}-X_{C})]\dot{I}=(R+jX)\dot{I}$$

设　　　　　　　　　　　　　　$$Z=R+jX \tag{3.5.1}$$

则　　　　　　　　　　　　　　$$\dot{U}=Z\dot{I} \tag{3.5.2}$$

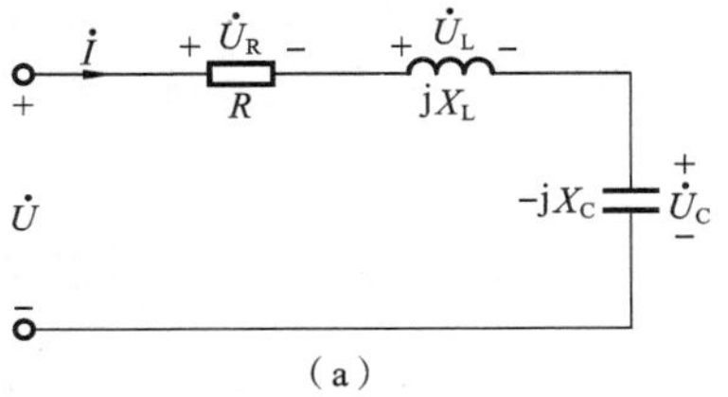

图 3.5.1　RLC 串联电路相量模型及复阻抗

式(3.5.1)的 Z 称为电路的复阻抗。它是一个复数,实部是电路的电阻值,虚部为

$$X=X_{L}-X_{C} \tag{3.5.3}$$

称为电路的电抗值,是电路中感抗与容抗的差,可见,电抗的值是有正有负的。

复阻抗 Z 的单位仍与电阻的单位相同。它不是代表正弦量的复数,所以,它不是相量,故不在大写字母 Z 上加小圆点。

式(3.5.2)是 RLC 串联电路的伏安关系的相量形式,与欧姆定律相类似,所以称之为欧姆定律的相量形式。

线性电路中,复阻抗 Z 仅由电路的参数及电源频率决定,与电压、电流的大小无关。在电路中,复阻抗可用图 3.5.1(b)所示的图形符号表示。单一的电阻、电感、电容元件可看成是复阻抗的一种特例,它们对应的复阻抗分别为

$$Z=R,\quad Z=j\omega L,\quad Z=-j\frac{1}{\omega C}$$

可将复阻抗 Z 用极坐标形式表示为

$$Z=|Z|\angle\varphi_{Z}$$

式中,

$$\begin{cases}|Z|=\sqrt{R^{2}+X^{2}}\\\varphi_{Z}=\arctan\dfrac{X}{R}\end{cases} \tag{3.5.4}$$

它们分别是复阻抗的模和辐角。显然,复阻抗的 $|Z|$、R、X 构成一个直角三角形,如图 3.5.2(a)所示,称为阻抗三角形。

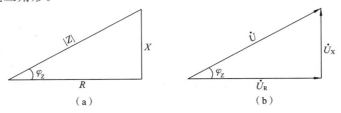

图 3.5.2　阻抗三角形

由式(3.5.2)可得

$$Z=\frac{\dot{U}}{\dot{I}}=\frac{U\angle\varphi_{u}}{I\angle\varphi_{i}}=\frac{U}{I}\angle(\varphi_{u}-\varphi_{i})=|Z|\angle\varphi_{Z}$$

可见
$$\begin{cases} |Z| = \dfrac{U}{I} \\ \varphi_Z = \varphi_u - \varphi_i \end{cases} \tag{3.5.5}$$

上式说明,复阻抗的模$|Z|$是它的端电压及电流有效值之比,称为电路的阻抗。复阻抗的辐角φ_Z是电压超前电流的相位角,称为电路的阻抗角。所以复阻抗Z综合反映了电压与电流间的大小及相位关系。

在RLC串联电路中,一般可选择电流$\dot{i}$为参考正弦量,则$\dot{U}_R$与$\dot{i}$同相,$\dot{U}_L$比$\dot{i}$超前$\dfrac{\pi}{2}$,$\dot{U}_C$比$\dot{i}$滞后$\dfrac{\pi}{2}$。可画出该电路的相量图,如图 3.5.3 所示。在图 3.5.3(a)中,$U_L > U_C$,说明此时$X_L > X_C$,则$X > 0$,$\varphi_Z > 0$,电路端电压$\dot{U}$比电流$\dot{i}$超前φ_Z,电路呈感性;在图 3.5.3(b)中,$U_L < U_C$,说明此时$X_L < X_C$,则$X < 0$,$\varphi_Z < 0$,电路端电压$\dot{U}$比电流$\dot{i}$滞后$|\varphi_Z|$角,电路呈容性;在图 3.5.3(c)所示电路中,$U_L = U_C$,此时$X_L = X_C$,$\varphi_Z = 0$,端电压$\dot{U}$与电流$\dot{i}$同相,电路呈阻性,这是RLC串联电路的一种特殊工作状态,称为串联谐振,在后面的章节中将专门对它们进行讨论。

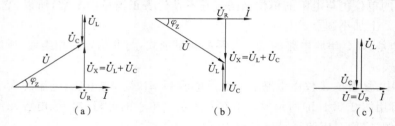

图 3.5.3　电路相量图

图 3.5.3 所示相量图中,用相量多边形表示电路的端电压与各元件上电压的关系,即
$$\dot{U} = \dot{U}_R + \dot{U}_L + \dot{U}_C = \dot{U}_R + \dot{U}_X$$

式中,$\dot{U}_X = \dot{U}_L + \dot{U}_C$,称为电抗电压。由于$\dot{U}_L$和$\dot{U}_C$的相位相反,故电抗电压的有效值应为$U_X = |U_L - U_C|$。不难看出,电阻电压、电抗电压和电路端电压三个有效值之间也构成一个直角三角形,称为电压三角形,如图 3.5.2(b)所示。将图 3.5.2(a)、(b)相比较,可见,阻抗三角形的各边同乘以I即得电压三角形,所以,阻抗三角形与电压三角形是相似三角形。由电压三角形可得
$$\begin{cases} U = \sqrt{U_R^2 + U_X^2} \\ \varphi_Z = \arctan \dfrac{U_X}{U_R} \end{cases} \tag{3.5.6}$$

使用式(3.5.6)时,应注意根据U_L与U_C(或X_L与X_C)的大小来决定φ_Z的正负。

【例 3.5.1】　一个RCL串联电路接到 220 V 的工频电源上,已知$R = 15 \ \Omega$,$L = 150 \ \text{mH}$,求在电容值C分别为 50 μF 和 100 μF 两种情况下,电路的电抗、阻抗、阻抗角、电流和各元件上电压的有效值。

解　(1) 当$C = 50 \ \mu$F 时,
$$X_L = \omega L = 314 \times 150 \times 10^{-3} \ \Omega = 47.1 \ \Omega$$
$$X_C = \frac{1}{\omega C} = \frac{1}{314 \times 50 \times 10^{-6}} \ \Omega = 63.6 \ \Omega$$

电抗为
$$X = X_L - X_C = (47.1 - 63.6) \ \Omega = -16.5 \ \Omega$$

因为 $X<0$，故电路呈容性。

阻抗为

$$|Z|=\sqrt{R^2+X^2}=\sqrt{15^2+(-16.5)^2}\ \Omega=22.3\ \Omega$$

阻抗角为

$$\varphi_Z=\arctan\frac{X}{R}=\arctan\frac{-16.5}{15}=-47.7°$$

复阻抗为

$$Z=22.3\angle(-47.7°)\ \Omega$$

设电源电压为参考相量，即

$$\dot{U}=220\angle0°\ \mathrm{V}$$

则电路电流为

$$\dot{I}=\frac{\dot{U}}{Z}=\frac{220\angle0°}{22.3\angle(-47.7°)}\ \mathrm{A}=9.87\angle47.7°\ \mathrm{A}$$

电阻电压为

$$\dot{U}_R=\dot{I}R=9.87\angle47.7°\times15\ \mathrm{V}=148.05\angle47.7°\ \mathrm{V}$$

电感电压为

$$\dot{U}_L=\dot{I}\mathrm{j}X_L=9.87\angle47.7°\times\mathrm{j}47.1\ \mathrm{V}=464.9\angle137.7°\ \mathrm{V}$$

电容电压为

$$\dot{U}_C=I(-\mathrm{j}X_C)=9.87\angle47.7°\times(-\mathrm{j}63.6)\ \mathrm{V}=627.7\angle(-42.3°)\ \mathrm{V}$$

各元件的电流电压有效值分别为

$$I=9.87\ \mathrm{A},\quad U_R=148.05\ \mathrm{V},\quad U_L=464.9\ \mathrm{V},\quad U_C=627.7\ \mathrm{V}$$

（2）当 $C=100\ \mu\mathrm{F}$ 时，

$$X_L=\omega L=47.1\ \Omega$$

$$X_C=\frac{1}{\omega C}=\frac{1}{314\times100\times10^{-6}}\ \Omega=31.8\ \Omega$$

$$X=X_L-X_C=(47.1-31.8)\ \Omega=15.3\ \Omega$$

因为 $X>0$，故电路呈感性。

$$|Z|=\sqrt{R^2+X^2}=\sqrt{15.5^2+15.3^2}\ \Omega=21.4\ \Omega$$

$$\varphi_Z=\arctan\frac{15.3}{15}=45.5°$$

$$Z=21.4\angle45.5°\ \Omega$$

$$\dot{I}=\frac{220\angle0°}{21.4\angle45.5°}\ \mathrm{A}=10.26\angle(-45.5°)\ \mathrm{A}$$

$$\dot{U}_R=10.26\angle(-45.5°)\times15\ \mathrm{V}=153.9\angle(-45.5°)\ \mathrm{V}$$

$$\dot{U}_L=10.26\angle(-45.5°)\times(\mathrm{j}47.1)\ \mathrm{V}=483.2\angle44.5°\ \mathrm{V}$$

$$\dot{U}_C=10.26\angle(-45.5°)\times(-\mathrm{j}31.8)\ \mathrm{V}=326.3\angle(-135.5°)\ \mathrm{V}$$

各元件的电流、电压有效值分别为

$$I=10.26\ \mathrm{A},\quad U_R=153.9\ \mathrm{V},\quad U_L=483.2\ \mathrm{V},\quad U_C=326.3\ \mathrm{V}$$

从本例题计算结果可看到，当电路的感抗和容抗相对于电阻值较大时，会出现电感和电容上的电压有效值大于电源电压有效值的情况，这是感抗和容抗相互补偿的结果。在图 3.5.3 所示的相量图中可以较清楚地看出这一情况。

练习与思考

3.5.1 对 RLC 串联电路,下列各式哪些是正确的?

(1) $u = u_R + u_L + u_C$　　　　(2) $U = U_R + U_L + U_C$

(3) $\dot{U} = \dot{U}_R + \dot{U}_L - \dot{U}_C$　　　　(4) $Z = R + \omega L - \dfrac{1}{\omega C}$

(5) $|Z| = \sqrt{R^2 + X_L^2 + X_C^2}$

3.5.2 如图 3.5.4 所示电路中,V 的读数为 10 V,V_1 的读数为 6 V,V_2 的读数为 16 V,试求 V_3 的读数。

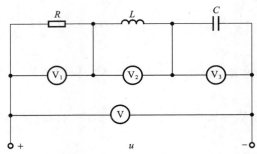

图 3.5.4　题 3.5.2 图

3.6　RLC 并联电路及复导纳

在图 3.6.1(a)所示 RLC 并联电路中,按图示参考方向,根据 KCL 的相量形式,有

$$\dot{I} = \dot{I}_G + \dot{I}_L + \dot{I}_C$$

将各元件伏安关系的相量形式代入上式,得

$$\dot{I} = \frac{\dot{U}}{R} + \frac{\dot{U}}{j\omega L} + j\omega C\dot{U} = \left(\frac{1}{R} - j\frac{1}{\omega L} + j\omega C\right)\dot{U}$$

令 $G = \dfrac{1}{R}$,G 称为电导;$B_L = \dfrac{1}{\omega L}$,$B_L$ 称为感纳;$B_C = \omega C$,B_C 称为容纳。它们的单位均为西[门子](S)。有

$$\dot{I} = [G + j(B_C - B_L)]\dot{U} = (G + jB)\dot{U} \tag{3.6.1}$$

设　　　　　　　　　　　　　$Y = G + jB$

则　　　　　　　　　　　　　$\dot{I} = Y\dot{U}$　　　　　　　　　　　　　(3.6.2)

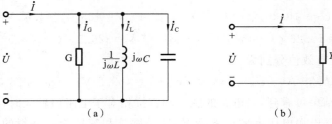

图 3.6.1　RLC 并联电路相量模型及复导纳

式(3.6.2)为 RLC 并联电路的欧姆定律相量形式。式中，Y 称为复导纳，它的实部是电导 G，虚部为

$$B = B_C - B_L \tag{3.6.3}$$

B 称为电纳，它是容纳与感纳之差，可正可负。

复导纳也不是相量，大写字母 Y 上也不应加小圆点。在电路中复导纳可用图3.6.1(b)所示图形符号表示。

可将复导纳用极坐标形式表示为

$$Y = |Y| \angle \varphi_Y$$

式中，

$$\begin{cases} |Y| = \sqrt{G^2 + B^2} \\ \varphi_Y = \arctan \dfrac{B}{G} \end{cases} \tag{3.6.4}$$

它们分别为复导纳的模和辐角。显然，$|Y|$、G、B 构成一个直角三角形，如图 3.6.2(a)所示，称为导纳三角形。

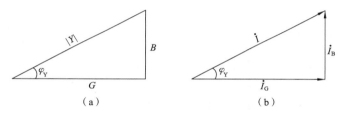

图 3.6.2　导纳三角形

由式(3.6.2)可得

$$Y = \frac{\dot{I}}{\dot{U}} = \frac{I \angle \varphi_i}{U \angle \varphi_u}$$

可见

$$|Y| = \frac{I}{U}$$

$$\varphi_Y = \varphi_i - \varphi_u \tag{3.6.5}$$

上式说明，复导纳的模是电路的电流与电压有效值之比，称为导纳；复导纳的辐角 φ_Y 是电流超前电压的相位角，称为导纳角。复导纳综合反映了电流与电压的大小及相位关系。

在 RLC 并联电路中，若选择电压 $\dot{U}$ 为参考正弦量，则 $\dot{I}_R$ 与 $\dot{U}$ 同相，$\dot{I}_L$ 比 $\dot{U}$ 滞后 $\frac{\pi}{2}$，$\dot{I}_C$ 比 $\dot{U}$ 超前 $\frac{\pi}{2}$，可画出电路相量图，如图 3.6.3 所示。图 3.6.3(a)中，$I_C < I_L$，此时 $B_C < B_L$，$B < 0$，$\varphi_Y < 0$，电路中电流 $\dot{I}$ 比端电压 $\dot{U}$ 滞后 $|\varphi_Y|$ 角，电路呈感性；图 3.6.3(b)中，$I_C > I_L$，此时 $B_C > B_L$，$B > 0$，$\varphi_Y > 0$，电流 $\dot{I}$ 比端电压 $\dot{U}$ 超前 φ_Y 角，电路呈容性；图 3.6.3(c)中，$I_C = I_L$，此时 $B_C = B_L$，$B = 0$，$\varphi_Y = 0$，电流 $\dot{I}$ 与电压 $\dot{U}$ 同相，电路呈阻性，这是 RLC 并联电路的一种特殊工作状态，称为并联谐振。

图 3.6.3 所示的相量图中，$\dot{I}_B = \dot{I}_L + \dot{I}_C$，由于 $\dot{I}_L$ 与 $\dot{I}_C$ 相位相反，所以 $I_B = |I_L - I_C|$。从图中可看出，I_G、I_B 及 I 三个电流的有效值也构成一个直角三角形，称为电流三角形，它与导纳三角形是相似三角形。由电流三角形可得

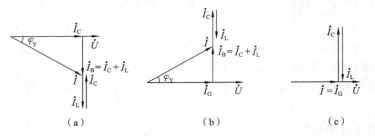

图 3.6.3　电路相量图

$$\begin{cases} I = \sqrt{I_G^2 + I_B^2} \\ \varphi_Y = \arctan \dfrac{I_B}{I_G} \end{cases} \tag{3.6.6}$$

式中，φ_Y 的正负应根据 I_L 与 I_C 的大小来决定。

【例 3.6.1】　在 RLC 并联电路中，已知 $R = 200\ \Omega$，$L = 150\ \text{mH}$，$C = 50\ \mu\text{F}$，总电流 $i = 141\sin(314t + 30°)\ \text{mA}$，其中 t 以 s 为单位，求各元件中的电流及端电压的解析式。电路呈现什么性质？

解　由已知条件，可得

$$G = \frac{1}{R} = \frac{1}{200}\ \text{S} = 0.005\ \text{S}$$

$$B_L = \frac{1}{\omega L} = \frac{1}{314 \times 150 \times 10^{-3}}\ \text{S} = 0.021\ \text{S}$$

$$B_C = \omega C = 314 \times 50 \times 10^{-6}\ \text{S} = 0.0157\ \text{S}$$

$$Y = G + \text{j}(B_C - B_L) = 0.005\ \text{S} + \text{j}(0.0157 - 0.021)\ \text{S}$$
$$= 0.005\ \text{S} - \text{j}0.0053\ \text{S} = 0.0073\angle(-46.7°)\ \text{S}$$

可将电流 i 用相量表示为

$$\dot{I} = \frac{141}{\sqrt{2}}\angle 30°\ \text{mA} = 100\angle 30°\ \text{mA}$$

$$\dot{U} = \frac{\dot{I}}{Y} = \frac{100\angle 30° \times 10^{-3}}{0.0073 \times \angle(-46.7°)}\ \text{V} = 13.7\angle 76.7°\ \text{V}$$

$$\dot{I}_R = G\dot{U} = 0.005 \times 13.7\angle 76.7°\ \text{A} = 68.5\angle 76.7°\ \text{mA}$$

$$\dot{I}_L = (-\text{j}B_L)\dot{U} = (-\text{j}0.021) \times 13.7\angle 76.7°\ \text{A} = 287\angle(-13.3°)\ \text{mA}$$

$$\dot{I}_C = (\text{j}B_C)\dot{U} = \text{j}0.0157 \times 13.7\angle 76.7°\ \text{A} = 215\angle 166.7°\ \text{mA}$$

所以，各元件电流及端电压的解析式分别为

$$i_R = 68.5\sqrt{2}\sin(314t + 76.7°)\ \text{mA}$$

$$i_L = 287\sqrt{2}\sin(314t - 13.3°)\ \text{mA}$$

$$i_C = 215\sqrt{2}\sin(314t + 166.7°)\ \text{mA}$$

$$u = 13.7\sqrt{2}\sin(314t + 76.7°)\ \text{V}$$

因为复导纳 Y 的导纳角 $\varphi_Y = -46.7° < 0$，故电路呈感性。

练习与思考

3.6.1　如图 3.6.4 所示电路，电压、电流和电路阻抗的答案对不对？

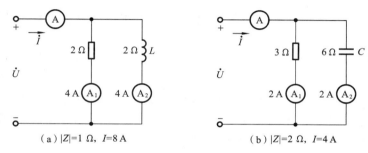

（a）$|Z|=1\ \Omega,\ I=8\,\mathrm{A}$　　　　　　（b）$|Z|=2\ \Omega,\ I=4\,\mathrm{A}$

图 3.6.4　题 3.6.1 图

3.7　二端网络的功率

3.7.1　瞬时功率

图 3.7.1(a)所示的二端网络中,设电流 i 及端电压 u 在关联参考方向下,分别为

$$i=\sqrt{2}U\sin\omega t$$

$$u=\sqrt{2}U\sin(\omega t+\varphi)$$

式中,φ 是电压超前于电流的相位角。则网络的瞬时功率为

$$\begin{aligned}
p&=ui=\sqrt{2}U\sin(\omega t+\varphi)\times\sqrt{2}I\sin\omega t\\
&=UI[\cos\varphi-\cos(2\omega t+\varphi)]\\
&=UI\cos\varphi-UI\cos(2\omega t+\varphi)
\end{aligned} \tag{3.7.1}$$

式(3.7.1)表明,二端网络的瞬时功率由两部分组成,一部分是常量,另一部分是以两倍于电压频率而变化的正弦量。图 3.7.1(b)所示的是二端网络的 p、i、u 波形图。从图中可见,在 u 或 i 为零时,p 也为零;u、i 同方向时,p 为正,网络吸收功率;u、i 反方向时,p 为负,网络发出功率。这说明网络与外界有能量的相互交换。p 的波形曲线与横轴包围的阴影面积说明,一个周期内网络吸收的能量比释放的能量多,表明网络有能量的消耗。

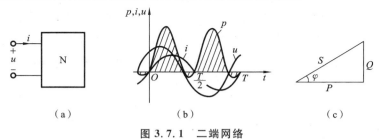

（a）　　　　　　　　　　　（b）　　　　　　　　　（c）

图 3.7.1　二端网络

3.7.2　有功功率(平均功率)和功率因数

二端网络的能量消耗表现为网络存在有功功率,将式(3.7.1)代入 $P=\dfrac{1}{T}\displaystyle\int_0^T p\,\mathrm{d}t$,可得有功功率为

$$\begin{aligned}
P&=\frac{1}{T}\int_0^T(UI\cos\varphi-UI\cos(2\omega t+\varphi))\,\mathrm{d}t\\
&=UI\cos\varphi
\end{aligned} \tag{3.7.2}$$

式(3.7.2)表明,二端网络的平均功率不仅与电压和电流的有效值有关,而且还与它们之间的相位差有关。

式(3.7.2)是计算正弦电路功率的一个重要公式,具有普遍意义。式中的 $\cos\varphi$ 称为网络的功率因数。

功率因数 $\cos\varphi$ 的值取决于电压与电流的相位差 φ,故 φ 角也称为功率因数角。

对于一个无源二端网络,总可以用一个等效复阻抗或等效复导纳来表示,设它的阻抗角为 φ_Z,导纳角为 φ_Y,那么,根据以上分析可知,无源二端网络的功率因数角为

$$\varphi = \varphi_Z = -\varphi_Y \tag{3.7.3}$$

这样,无源二端网络的有功功率还可表示成

$$P = UI\cos\varphi = UI\cos\varphi_Z = UI\cos\varphi_Y$$

由图 3.5.2(b)及图 3.6.2(b)所示的电压三角形和电流三角形中可以看出

$$U\cos\varphi_Z = U_R, \quad I\cos\varphi_Y = I_G$$

所以,无源二端网络的有功功率可表示为

$$\begin{cases} P = U_R I \\ P = UI_G \end{cases} \tag{3.7.4}$$

电压 U_R 和电流 I_G 分别称为二端网络的端口电压或端口电流的有功分量。

前面已介绍过可根据阻抗角(或导纳角)的正负来判断二端网络的性质(感性、容性或阻性),但功率因数却不能用来作为判断依据。例如,二端网络的阻抗角为 $\varphi_Z = 60°$ 时是感性电路,$\varphi_Z = -60°$ 时是容性电路,但它们的功率因数 $\cos\varphi = \cos\varphi_Z$ 都等于 0.5。为了使功率因数也能反映网络的性质,习惯上将前者写成 $\cos\varphi$(滞后);后者写成 $\cos\varphi$(超前)。括号中的"滞后"或"超前"表示的是电路的电流"滞后"或"超前"于电压。

3.7.3　无功功率

将式(3.7.1)瞬时功率的表达式按三角函数展开,可得到其另一种表达式为

$$p = UI\cos\varphi(1 - \cos 2\omega t) + UI\sin\varphi\sin 2\omega t \tag{3.7.5}$$

式中,第一项在一个周期内的平均值为 $UI\cos\varphi$,即为二端网络的平均功率;第二项是以最大值为 $UI\sin\varphi$、频率为 2ω 而作正弦变化的量,它在一个周期内的平均值为零,它反映了网络与外界进行能量交换的情况,所以,将该项的最大值定义为网络的无功功率,即

$$Q = UI\sin\varphi \tag{3.7.6}$$

对于无源二端网络

$$Q = UI\sin\varphi_Z = -UI\sin\varphi_Y \tag{3.7.7}$$

根据电压三角形和电流三角形,无源二端网络的无功功率也可表示为

$$\begin{cases} Q = U_X I \\ Q = -UI_B \end{cases} \tag{3.7.8}$$

因此,U_X 和 I_B 分别称为二端网络的端口电压和端口电流的无功分量。

单个元件是二端网络的特殊情况。由式(3.7.2)和式(3.7.6)可以看出,对于一个二端网络,在 $\varphi = 0$ 时,网络可等效为一电阻元件,其有功功率为 $P = UI$,无功功率为 $\varphi = 0$。$\varphi = \pm\dfrac{\pi}{2}$ 时,网络可等效为一电感元件或一电容元件,其有功功率为 $P = 0$,无功功率为 $\varphi = \pm UI$。$\varphi > 0$

时，电路呈感性，$Q>0$，网络向外界"吸收"无功功率。$\varphi<0$ 时，电路呈容性，$Q<0$，网络向外界"发出"无功功率。

在网络中既有电感元件又有电容元件时，无功功率相互补偿，它们在网络内部先自行交换一部分能量后，不足部分再与外界进行交换，这样，二端网络的无功功率应为

$$Q=Q_{L}+Q_{C}$$

上式表明，二端网络的无功功率是电感元件的无功功率与电容元件的无功功率的代数和。式中的 Q_{L} 为正值，Q_{C} 为负值，Q 为一代数量，可正可负。

3.7.4　视在功率

从以上分析中了解到，正弦电路中的有功功率和无功功率都要在电压和电流有效值的乘积上打一个折扣，通常将电压和电流有效值的乘积称为视在功率，用大写字母 S 表示，即

$$S=UI \tag{3.7.9}$$

为了与有功功率和无功功率相区别，视在功率的单位用伏安（V·A）或千伏安（kV·A）表示。

视在功率 S 通常用来表示电气设备的额定容量。额定容量说明了电气设备可能发出的最大功率。例如，对于像变压器、发电机等那样的电源设备，它们发出的有功功率与负载的功率因数有关，不是一个常数，所以通常只用视在功率来表示其容量，而不用有功功率来表示其容量。

综上所述，有功功率 P、无功功率 Q 及视在功率 S 之间存在如下关系：

$$\begin{cases} P=S\cos\varphi=UI\cos\varphi \\ Q=S\sin\varphi=UI\sin\varphi \\ S=\sqrt{P^{2}+Q^{2}}=UI \\ \varphi=\arctan\dfrac{Q}{P} \end{cases} \tag{3.7.10}$$

显然，S、P、Q 构成一直角三角形，如图 3.7.1(c)所示。此三角形称为二端网络的功率三角形，它与同网络的电压三角形或电流三角形相似。

【例 3.7.1】　计算图 3.7.2 所示电路中各支路的有功功率、无功功率、视在功率、整个电路的功率因数。

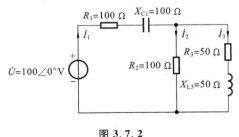

图 3.7.2

解　图 3.7.2 所示电路中各支路的电流分别为

$$\begin{cases} \dot{I}_{1}=\dfrac{\dot{U}}{Z}=0.62\angle 29.7° \text{ A} \\ \dot{I}_{2}=\dot{I}_{1}\cdot\dfrac{R_{3}+jX_{L3}}{R_{2}+R_{3}+jX_{L3}}=0.28\angle 56.3° \text{ A} \\ \dot{I}_{3}=\dot{I}_{1}-\dot{I}_{2}=0.39\angle 10.9° \text{ A} \end{cases}$$

各支路的电压为

$$\dot{U}_1 = \dot{I}_1(R_1 - jX_{C1}) = 0.62\angle 29.7° \times (100 - j100)\ \text{V} = 87.4\angle(-15.3°)\ \text{V}$$

$$\dot{U}_2 = \dot{U}_3 = \dot{I}_2 R_2 = 0.28\angle 56.3° \times 100\ \text{V} = 28\angle 56.3°\ \text{V}$$

$\dot{I}_1$ 支路的功率情况为

$$P_1 = U_1 I_1 \cos\varphi_1 = 87.4 \times 0.62\cos(-15.3° - 29.7°)\ \text{W} = 38.3\ \text{W}$$

$$Q_1 = U_1 I_1 \sin\varphi_1 = 87.4 \times 0.62\sin(-15.3° - 29.7°)\ \text{var} = -38.3\ \text{var}$$

$$S_1 = U_1 I_1 = 87.4\ \text{V} \times 0.62\ \text{A} = 54.2\ \text{V}\cdot\text{A}$$

$\dot{I}_2$ 支路的功率情况为

$$P_2 = I_2^2 R_2 = 0.28^2 \times 100 = 7.84\ \text{W}$$

$$Q_2 = 0\ \text{var}$$

$$S_2 = P_2 = 7.84\ \text{V}\cdot\text{A}$$

$\dot{I}_3$ 支路的功率情况为

$$P_3 = I_3^2 R_3 = 0.39^2 \times 50\ \text{W} = 7.61\ \text{W}$$

$$Q_3 = I_3^2 X_{L3} = 0.39^2 \times 50\ \text{var} = 7.61\ \text{var}$$

$$S_3 = U_2 I_2 = 28 \times 0.39\ \text{V}\cdot\text{A} = 10.92\ \text{V}\cdot\text{A}$$

电路总的有功功率为

$$P = P_1 + P_2 + P_3 = (38.3 + 7.84 + 7.61)\ \text{W} = 53.75\ \text{W}$$

电路总的无功功率

$$Q = Q_1 + Q_2 + Q_3 = (-38.3 + 7.61)\ \text{var} = -30.69\ \text{var}$$

电路总的视在功率

$$S = U I_1 = 100 \times 0.62\ \text{V}\cdot\text{A} = 62\ \text{V}\cdot\text{A}$$

注意：$S \neq S_1 + S_2 + S_3$。

可见，电源发出的有功功率、无功功率与各负载吸收的诸功率是平衡的。整个电路的功率因数为

$$\cos\varphi = \cos(-29.7°) = 0.868（容性）$$

3.8 功率因数的提高

前面学习过，正弦交流电路的有功功率为

$$P = UI\cos\varphi$$

式中，$\cos\varphi$ 称为交流电路的功率因数，功率因数也可以用 λ 表示，λ 体现了有功功率在视在功率中占有的比例。功率因数的大小取决于电压与电流的相位差 φ，故把 φ 角也称为功率因数角。

功率因数是电力系统很重要的经济指标，它的意义表现在以下两个方面。

（1）功率因数关系到电源设备能否充分利用。交流电路的有功功率和无功功率分别为

$$P = UI\cos\varphi, \quad Q = UI\sin\varphi$$

当电压与电流之间有相位差时，功率因数不等于1，电路中就会有能量交换，出现无功功率 $Q = UI\sin\varphi$，φ 角越大，功率因数 $\cos\varphi$ 越小，发电机所发出的有功功率就越小，而无功功率就越大。无功功率越大，电路中能量交换的规模越大，发电机发出的能量不能充分被负载吸收，其中有一部分在发电机和负载之间进行能量交换，这样，发电设备的容量就不能充分利用。

例如,额定容量为 1000 kV·A 的变压器,若在额定电压、额定电流下运行,当负载的 $\lambda = 1$ 时,它传输的有功功率为 1000 kW,得到了充分的利用。而负载的 λ 为 0.8 或 0.6 时,传输的有功功率分别是 800 kW 和 600 kW,变压器就没有得到充分的利用。

(2) 功率因数关系到输电线路中电压和功率损耗的大小。

在电源输出电压和负载的有功功率一定时,输电线路的电流为

$$I = \frac{P}{U\lambda} = \frac{P}{U\cos\varphi}$$

而电路和发电机绕组上的功率损耗为

$$P_L = I^2 r = \left(\frac{P}{U\cos\varphi}\right)^2 r = \frac{P^2 r}{U^2} \cdot \frac{1}{\cos^2\varphi}$$

式中,r 是发电机绕组和线路的电阻。

由此可见,负载的功率因数越小,输电线路的电流越大,功率损耗也就越大。

综上所述,为提高电源设备的利用率,减小线路损耗,应设法提高功率因数。

功率因数不高,主要是由于电感性负载的存在,如生产中最常见的异步电动机在额定负载时的功率因数为 $0.7\sim0.9$,在轻载时功率因数低于 0.5,照明用的日光灯其功率因数也是较低的。电感性负载的功率因数之所以小于 1,是因为负载本身需要一定的无功功率。提高功率因数,也就是既要减少电源与负载之间能量的交换,又要保证电感性负载能取得所需的无功功率。

提高感性负载功率因数的常用方法是在其两端并联电容器。感性负载并联电容器后,它们之间相互补偿,进行一部分能量交换,减少了电源和负载间的能量交换,从而提高了功率因数。

感性负载提高功率因数的原理可用图 3.8.1 来说明。在图 3.8.1(a) 中,RL 串联电路代表一个电感性负载,电容器未接入之前,线路中的电流 $\dot{I}$ 等于感性负载的电流 $\dot{I}_1$,功率因数角为 φ_1(φ_1 也是感性负载的阻抗角)。并联电容后,负载的电流 $\dot{I}_1$、端电压 $\dot{U}$、阻抗角 φ_1 均未变,但线路中的电流 $\dot{I}$ 变了。此时,$\dot{I} = \dot{I}_1 + \dot{I}_C$,结合图 3.8.1(b) 的相量图可见,其结果使得线路电流有效值 $I < I_1$,φ_1 减小到 φ_2,因此,使整个电路的功率因数从 $\cos\varphi_1$ 提高到 $\cos\varphi_2$。

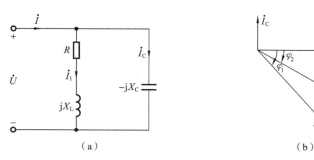

图 3.8.1　感性负载并联电容提高功率因数

由图 3.8.1(b) 可知

$$I_C = I_1\sin\varphi_1 - I\sin\varphi_2 = \frac{P}{U\cos\varphi_1}\sin\varphi_1 - \frac{P}{U\cos\varphi_2}\sin\varphi_2 = \frac{P}{U}(\tan\varphi_1 - \tan\varphi_2)$$

由于

$$I_C = \frac{U}{X_C} = U\omega C$$

$$U\omega C = \frac{P}{U}(\tan\varphi_1 - \tan\varphi_2)$$

所以

$$C = \frac{P}{\omega U^2}(\tan\varphi_1 - \tan\varphi_2) \tag{3.8.1}$$

值得注意的是,并联电容器以后,电感性负载的电流 $I_1 = \dfrac{U}{\sqrt{R^2+X_L^2}}$ 和功率因数 $\cos\varphi_1 = \dfrac{R}{\sqrt{R^2+X_L^2}}$ 均未变化,这是因为所加电压和负载因数没有改变。但电压 u 和线路电流 i 之间的相位差 φ 变小了,即 $\cos\varphi$ 变大了。这里所讲的提高功率因数,是指提高电源或电网的功率因数,而不是提高某个电感性负载的功率因数。

在电感性负载上并联了电容器以后,减少了电源与负载之间的能量互换。这时,电感性负载所需的无功功率,大部分或全部由电容器供给,也就是说,能量的互换现在主要发生在电感性负载与电容器之间,因而使发电机容量能得到充分利用。其次,由相量图知,并联电容器以后,线路电流也减小了,因而减小了功率损耗。需要注意的是,采用并联电容器的方法其电路的有功功率未改变,因为电容器是不消耗电能的,负载的工作状态不受影响,因此该方法在实际中得到广泛应用。

【例 3.8.1】 日光灯与 220 V、50 Hz 的电源相连,已知其功率因数 $\cos\varphi_1 = 0.5$,消耗功率为 40 W,若要把功率因数提高到 $\cos\varphi_2 = 0.9$,应加接什么元件?

解 日光灯是感性负载,要提高功率因数,应在其两端并联电容器,由式(3.8.1)可知电容值为

$$C = \frac{P}{\omega U^2}(\tan\varphi_1 - \tan\varphi_2)$$

$$\cos\varphi_1 = 0.5, \quad \tan\varphi_1 = 1.732$$

$$\cos\varphi_2 = 0.9, \quad \tan\varphi_2 = 0.4843$$

所以

$$C = \frac{40}{2\times3.14\times50\times220^2}(1.732 - 0.4843)\ \text{F} = 3.28\ \mu\text{F}$$

3.9 串联谐振电路

在具有电感和电容元件的电路中,电路的端电压与其中的电流一般是不同相的。如果调节电源的频率或电路的参数而使它们同相,这时电路就会发生谐振现象。研究谐振的目的是要认识这种客观现象,并在生产中充分利用谐振的特征,同时也要防止其带来的危害。谐振按 L 与 C 在电路中连接的情况分为串联谐振和并联谐振。

3.9.1 串联谐振的条件

RLC 串联电路中,通过电路的电流的频率及元件参数不同,电路所反映的性质也不同。如图 3.9.1(a)所示,电路的复阻抗为

$$Z = R + j\left(\omega L - \frac{1}{\omega C}\right)$$

当 $\omega L = \dfrac{1}{\omega C}$ 时,

$$\varphi = \arctan \frac{X_L - X_C}{R} = 0$$

此时电路中发生谐振现象,相量图3.9.1(b)中电源电压$\dot{U}$与电路中的电流$\dot{I}$同相,因为是发生在串联电路中,所以称为串联谐振。

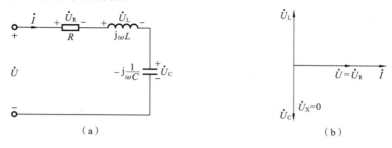

(a)　　　　　　　　　　　(b)

图 3.9.1　RLC 串联电路

由$\omega L = \frac{1}{\omega C}$可知,谐振角频率和频率分别为

$$\omega_0 = \frac{1}{\sqrt{LC}}, \quad f_0 = \frac{1}{2\pi \sqrt{LC}} \tag{3.9.1}$$

由于ω_0和f_0完全由电路的参数L、C决定,所以ω_0和f_0称为固有角频率和固有频率。调节L、C或电源频率f使$\omega L = \frac{1}{\omega C}$,电路就会发生谐振。

当电源的频率一定时,改变L、C,使电路的固有频率与激励的频率相同就能达到谐振。在无线电技术中,常应用串联谐振的选频特性来选择信号,收音机选台就是一个典型例子。图3.9.2(a)所示为收音机天线的调谐电路,它的作用是将需要收听的信号从天线收到的许多频率不同的信号中选出来,其他不需要的信号则加以抑制。其主要部分是天线线圈L_1和电感线圈L与可变电容器C组成的串联谐振电路,收音机通过接收天线,接收到各种频率的电磁波,每一种频率的电磁波都要在LC谐振电路中产生相应的电动势e_1、e_2、e_3……如图3.9.2(b)所示,图中R是线圈L的电阻。假设现在所需的信号频率为f_1,改变C,使电路的谐振频率等于f_1,那么,这时LC回路中f_1对应的电流最大,在可变电容器两端的这种频率的电压也就最高。频率为f_2和f_3的信号虽然也在接收机里出现,但由于它们没有达到谐振,在回路中引起的电流很小,这样就达到了选择信号和抑制干扰的目的。

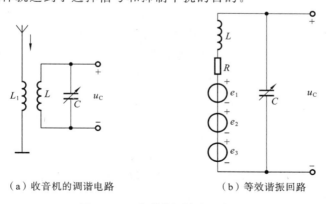

(a)收音机的调谐电路　　　　　(b)等效谐振回路

图 3.9.2　串联谐振的实际应用

3.9.2 串联谐振的特点

串联谐振的特点如下。

(1) 电路的阻抗模最小,电路呈阻性。

由于谐振时 $X=0$,所以电路的复阻抗为一实数,即

$$Z_0 = |Z_0| = \sqrt{R^2 + (X_L - X_C)^2} = R$$

其值最小。在端口电压 U 一定时,谐振时的端口电流 $I = I_0 = \dfrac{U}{R}$ 最大,称为谐振电流。

(2) 由于电源电压与电路中电流同相($\varphi = 0$),因此电路对电源呈现电阻性。电源供给电路的能量全被电阻消耗,电源与电路之间不发生能量的互换。能量的互换只发生在电感线圈与电容器之间。

(3) 串联谐振时,电路的感抗和容抗相等,为

$$\omega_0 L = \frac{1}{\omega_0 C} = \frac{1}{\sqrt{LC}} L = \sqrt{\frac{L}{C}} = \rho \tag{3.9.2}$$

ρ 只与网络的 L、C 有关,称为特性阻抗,单位为 Ω。

(4) 电感电压和电容电压大小相等、相位相反,且远大于端口电压。

串联谐振时电感电压和电容电压的有效值相等,为

$$U_{L0} = U_{C0} = \rho I_0 = \frac{\rho}{R} U \tag{3.9.3}$$

$\dot{U}_{L0}$、$\dot{U}_{C0}$ 反相而相互"抵消",所以端口电压就等于电阻电压,即

$$\dot{U} = \dot{U}_R = R \dot{I}_0, \quad U = R I_0 \tag{3.9.4}$$

$$\frac{\rho}{R} = \frac{\omega_0 L}{R} = \frac{1}{R \omega_0 C} = \frac{1}{R} \sqrt{\frac{L}{C}} = Q \tag{3.9.5}$$

式(3.9.5)中的 Q 称为谐振回路的品质因素(不要与无功功率 Q 混淆),它只和电路中 R、L、C 的参数有关。由式(3.9.3)可知

$$U_{L0} = U_{C0} = \frac{\rho}{R} U = Q U \tag{3.9.6}$$

在电子工程中,Q 值一般在 $10 \sim 500$ 之间。$Q \gg 1$ 时,$U_{L0} = U_{C0} = Q U \gg U$,所以把串联谐振又称为电压谐振。从电感、电容上获得很高电压的目的来考虑,Q 正好体现了网络品质的好坏。

在无线电技术中,所传输的信号电压往往很微弱,因此,常利用串联谐振获得较高电压,电容或电感上的电压常高于电源电压几十到几百倍。但在电力工程中,电源电压本身就高,如果发生串联谐振,就会产生过高电压,可能会击穿线圈和电容器的绝缘,因此应避免电路谐振,以保证设备和系统安全运行。

【例 3.9.1】 RLC 串联电路中,$U = 25$ mV,$R = 50$ Ω,$L = 4$ mH,$C = 160$ pF,电路已发生谐振。

(1) 求电路的谐振频率 f_0、电流 I_0、特性阻抗 ρ、品质因素 Q 和电容电压 U_{C0}。

(2) 当电源电压大小不变,频率增大 10% 时,求电路中的电流和电容电压。

解 (1) 谐振频率

$$f_0 = \frac{1}{2\pi \sqrt{LC}} = \frac{1}{2\pi \sqrt{4 \times 10^{-3} \times 160 \times 10^{-12}}} \text{ kHz} \approx 200 \text{ kHz}$$

端口电流

$$I_0 = \frac{U}{R} = \frac{25}{50}\ \text{mA} = 0.5\ \text{mA}$$

特性阻抗

$$\rho = \sqrt{\frac{L}{C}} = \sqrt{\frac{4 \times 10^{-3}}{160 \times 10^{-12}}}\ \Omega = 5\ \text{k}\Omega$$

品质因数

$$Q = \frac{\rho}{R} = \frac{5000}{50} = 100$$

电容电压

$$U_{C0} = QU = 100 \times 25\ \text{mV} = 2500\ \text{mV} = 2.5\ \text{V}$$

（2）当电源电压频率增大 10% 时，有

$$f = f_0(1 + 10\%) = 220\ \text{kHz}$$

$$X_L = 2\pi f L = 2\pi \times 10^3 \times 220 \times 4 \times 10^{-3}\ \Omega = 5526.4\ \Omega$$

$$X_C = \frac{1}{2\pi f C} = \frac{1}{2\pi \times 220 \times 10^3 \times 160 \times 10^{-12}}\ \Omega = 4523.7\ \Omega$$

$$|Z| = \sqrt{R^2 + (X_L - X_C)^2} = \sqrt{50^2 + (5526.4 - 4523.7)^2}\ \Omega \approx 1000\ \Omega$$

$$I = \frac{U}{|Z|} = \frac{25}{1000}\ \text{mA} = 0.025\ \text{mA}$$

$$U_C = X_C I = 4523.7 \times 0.025\ \text{mV} = 113\ \text{mV}$$

可见，电源电压频率只要稍微偏离谐振频率，端口电流、电容电压就会迅速衰减。

3.9.3　串联谐振的谐振曲线

在学习谐振曲线之前，先看一下频率特性的概念。交流电路的电压、电流、阻抗随输入信号频率变化的关系称为频率特性。用复数表示的量，其模值随频率变化的特性称为幅频特性，其幅角随频率变化的特性称为相频特性。用来表示幅频特性、相频特性的曲线分别称为幅频特性曲线、相频特性曲线。例如，RLC 串联电路，它的阻抗

$$Z = R + \text{j}\left(\omega L - \frac{1}{\omega C}\right) = R + \text{j}X = \sqrt{R^2 + \left(\omega L - \frac{1}{\omega C}\right)^2}\ \angle \arctan\frac{X}{R}$$

它的幅频特性和相频特性分别为

$$|Z(\omega)| = \sqrt{R^2 + \left(\omega L - \frac{1}{\omega C}\right)^2}$$

$$\varphi(\omega) = \arctan\frac{\omega L - 1/(\omega C)}{R}$$

相应的幅频特性曲线和相频特性曲线如图 3.9.3 所示。

电流随频率变化的关系称为电流谐振曲线。如图 3.9.1 所示电路，电流

$$I = \frac{U}{\sqrt{R^2 + \left(\omega L - \frac{1}{\omega C}\right)^2}}$$

若电路中的 R、L、C 参数已确定，电源电压大小不变，那么，I 就是关于角频率 ω 的函数，若以角频率 ω 为横坐标，I 的值为纵坐标，可画出 I 随 ω 变化的曲线，也称为电流谐振曲线，如

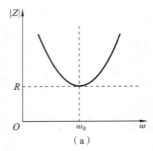
（a）

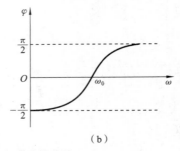
（b）

图 3.9.3　串联谐振的频率特性曲线

图 3.9.4 所示。

图 3.9.4 中，ω_0 与电流的最大值 I_0 相对应，ω_0 也称为中心频率。由图可见，当谐振曲线比较尖锐时，若输入信号的角频率稍有偏离 ω_0，I 的值就会急剧下降。谐振曲线越尖锐，选择性就越强，由此引入通频带的概念。当 I 下降到 I_0 的 $\dfrac{1}{\sqrt{2}} \approx 0.707$ 时，对应的频率分别为 ω_1 和 ω_2，其中 ω_1 为电路的下限截止角频率，ω_2 为上限截止角频率。这两个截止角频率的差值定义为电路的通频带，即

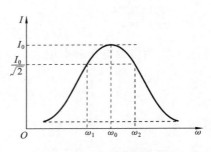

图 3.9.4　电流谐振曲线

$$B_\omega = \omega_2 - \omega_1$$

通频带宽度越小，表明谐振曲线越尖锐，电路的频率选择性就越强。而谐振曲线的尖锐或平坦同 Q 值有关，Q 越大，谐振曲线越尖锐；Q 越小，则谐振曲线越平坦。由式（3.9.5）可知，在电路 L、C 一定时，只能通过减小 R 来提高 Q，从而保证电路具有较强的选择性。减小 R，也就是减小线圈导线的电阻和电路中的各种能量损耗。

练习与思考

3.9.1 什么是谐振？串联电路的谐振条件是什么？其谐振频率和谐振角频率等于什么？

3.9.2 串联谐振电路有哪些基本特征？为什么串联谐振也称为电压谐振？

3.10　并联谐振电路

串联谐振电路适用于内阻抗小的信号源，如果信号源的内阻抗很大时仍然采用串联谐振电路，将使电路的品质因数严重降低，选择性变差。因此，必须改用并联谐振电路。

并联谐振电路的形式较多，它们的谐振条件和特点也有所不同，本节仅讨论实用中最常见的电感线圈与电容器并联的谐振电路，其相量模型及相量图如图 3.10.1 所示。

3.10.1　并联谐振的条件

由图 3.10.1(a)可知，电路的导纳

$$Y = \frac{1}{R + \mathrm{j}\omega L} + \mathrm{j}\omega C = \frac{R}{R^2 + (\omega L)^2} + \mathrm{j}\left[\omega C - \frac{\omega L}{R^2 + (\omega L)^2}\right] \qquad (3.10.1)$$

当式（3.10.1）虚部为零时，电路呈纯阻性，电路发生谐振，即

$$\omega C = \frac{\omega L}{R^2 + (\omega L)^2} \qquad (3.10.2)$$

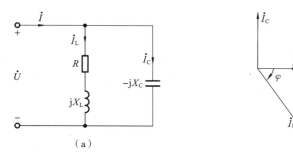

图 3.10.1　并联谐振电路的相量模型及相量图

通常，要求电感线圈本身的电阻很小，在高频电路中，$R \ll \omega L$，因此，式(3.10.2)可写成

$$\omega C = \frac{\omega L}{(\omega L)^2} = \frac{1}{\omega L} \tag{3.10.3}$$

式(3.10.3)就是并联电路发生谐振的条件，由此可得

$$\omega_0 = \frac{1}{\sqrt{LC}}, \quad f_0 = \frac{1}{2\pi\sqrt{LC}} \tag{3.10.4}$$

3.10.2　并联谐振的特点

并联谐振的特点如下。

(1) 电路的阻抗模最大，电路呈阻性。

由于谐振时，Y 的虚部为零，导纳模最小，所以其倒数(即阻抗模)最大。端口电压 U 与端口电流 I 同相，电路呈阻性。

谐振时的导纳

$$Y_0 = \frac{R}{R^2 + (\omega L)^2}$$

$R \ll \omega L$ 时，

$$Y_0 \approx \frac{R}{(\omega L)^2} = \frac{R}{\omega L} \cdot \frac{1}{\omega L} = \frac{R}{\omega L} \cdot \omega C = \frac{RC}{L}$$

因此阻抗

$$Z_0 = \frac{L}{RC}$$

(2) 并联谐振时，电路的特性阻抗与串联谐振电路的特性阻抗一样，也为

$$\rho = \sqrt{\frac{L}{C}} \tag{3.10.5}$$

(3) 谐振时各支路电流近似相等，支路电流可能远远大于端口电流。

图 3.10.1(a)中两支路电流为

$$I_L = \frac{U}{\sqrt{R^2 + (\omega_0 L)^2}} \approx \frac{U}{\omega_0 L}$$

由式(3.10.3)可知，谐振时

$$I_L \approx I_C$$

I_C 或 I_L 与总电流 I_0 的比值为电路的品质因数

$$Q = \frac{I_L}{I_0} = \frac{1}{\omega_0 CR} = \frac{\omega_0 L}{R} \tag{3.10.6}$$

即在谐振时，I_C 或 I_L 是总电流 I_0 的 Q 倍。$Q \gg 1$ 时，支路电流要远远大于总电流。

（4）如果电源为有效值一定的电流源，调节其频率达到并联谐振时，由于谐振阻抗最大，因此回路的端口电压也最大。这一特性常用来实现选频。

【例 3.10.1】 一电感线圈与电容器并联组成谐振电路，已知线圈的损耗电阻 $R=5\ \Omega$，电感 $L=10\ \mu H$，电容 $C=1000\ pF$。信号源为一正弦电流源，其有效值 $I_s=2\ \mu A$。试求谐振时的角频率及阻抗、端口电压、线圈电流、电容器电流。

解 谐振角频率为

$$\omega_0 \approx \frac{1}{\sqrt{LC}} = \frac{1}{\sqrt{10\times10^{-6}\times1000\times10^{-12}}}\ \text{rad/s} = 10^7\ \text{rad/s}$$

谐振时的阻抗为

$$Z_0 = \frac{L}{RC} = \frac{10\times10^{-6}}{5\times1000\times10^{-12}}\ \Omega = 2\ \text{k}\Omega$$

谐振时端口电压为

$$U = Z_0 I_s = 2\times10^3\times2\times10^{-6}\ \text{V} = 4\ \text{mV}$$

线圈的品质因数为

$$Q = \frac{\omega_0 L}{R} = \frac{10^7\times10\times10^{-6}}{5} = 20$$

谐振时，线圈的电流和电容器的电流为

$$I_L \approx I_C = QI_s = 20\times2\times10^{-6}\ \text{A} = 40\ \mu\text{A}$$

练习与思考

3.10.1 实际的并联谐振回路常常是电感线圈与电容器并联而成，当回路的 $Q\gg1$ 时，其谐振频率和谐振角频率等于什么？

3.10.2 并联谐振电路有哪些基本特征？为什么并联谐振也称为电流谐振？

3.10.3 当 $\omega=\dfrac{1}{\sqrt{LC}}$ 时，如图 3.10.2 所示电路哪些相当于短路？哪些相当于开路？

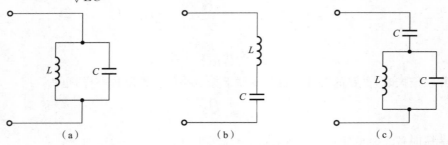

（a）　　　　　　　　　　（b）　　　　　　　　　　（c）

图 3.10.2　题 3.10.3 图

本 章 小 结

1. 正弦量及其相量

（1）正弦量

① 正弦量的三要素

正弦量 i 的解析式一般可表示为

$$i = I_m \sin(\omega t + \varphi)$$

角频率 ω 同正弦量的周期 T、频率 f 的关系分别为

$$\omega = \frac{2\pi}{T} \quad 及 \quad \omega = 2\pi f$$

② 相位差

两个同频率正弦量相位的差叫做相位差。相位差仅与两个正弦量的初相有关，而与时间无关，因而也与计时起点的选择无关。习惯上规定相位差的绝对值不超过 180°。

初相为零的正弦量称为参考正弦量，其他正弦量的初相则分别等于它们与参考正弦量的相位差。

③ 有效值和平均值

周期量的有效值也叫方均根值，其定义式为

$$I = \sqrt{\frac{1}{T} \int_0^T i^2 \, dt}$$

正弦量的有效值同振幅的关系为

$$I = I_m / \sqrt{2}$$

（2）正弦量的相量表示法

相量是用来表示正弦量的复数，它的模等于对应正弦量的振幅（振幅相量）或有效值（有效值相量），而幅角等于对应正弦量的初相。相量和它所代表的正弦量有一一对应关系，但并非相等。相量可用复平面上的有向线段来表示，称为相量图。注意，不同频率正弦量的相量不可以画在同一复平面内！

2. 两类约束的相量形式

R、L、C 三种元件 VCR 的相量形式

$$\dot{U}_R = R \dot{I}_R \quad 或 \quad \dot{I}_G = G \dot{U}_G$$

$$\dot{U}_L = j\omega L \dot{I}_L = j X_L \dot{I}_L \quad 或 \quad \dot{I}_L = \frac{1}{j\omega L} \dot{U}_L = -j B_L \dot{U}_L$$

$$\dot{U}_C = \frac{\dot{I}_C}{j\omega C} = -j X_C \dot{I}_C \quad 或 \quad \dot{I}_C = j\omega C \dot{U}_C = j B_C \dot{U}_C$$

基尔霍夫定律的相量形式

$$\sum \dot{I} = 0$$

$$\sum \dot{U} = 0$$

3. 复阻抗和复导纳、欧姆定律的相量形式

RLC 串联电路的复阻抗

$$Z = |Z| \angle \varphi' = R + j\left(\omega L - \frac{1}{\omega C}\right) = R + j(X_L - X_C) = R + jX$$

RLC 并联电路的复导纳

$$Y = |Y| \angle \varphi' = G + j\left(\omega C - \frac{1}{\omega L}\right) = G + j(B_C - B_L) = G + jB$$

任一线性无源单口网络的等效复阻抗和等效复导纳

$$Z = \dot{U} / \dot{I} = R + jX$$

$$Y = \dot{I} / \dot{U} = G + jB$$

实部 R 称为等效电阻,虚部 X 称为等效电抗;实部 G 称为等效电导,虚部 B 称为等效电纳。Z 和 Y 互为倒数。

任一线性无源单口网络 VCR 的相量形式,即欧姆定律的相量形式为

$$\dot{U}=Z\dot{I} \quad 或 \quad \dot{I}=Y\dot{U}$$

4. 正弦交流电路的计算

基尔霍夫定律和欧姆定律在正弦交流电路中都有相应的相量形式,因此,直流电路的所有公式、定理和分析方法,全都适用于正弦交流电路的分析计算。计算时注意将直流电路的电压、电流换成交流电路中电压、电流的相量,直流电路的电阻、电导换成交流电路的复阻抗、复导纳。

5. 正弦交流电路的功率

(1) 元件的平均功率、无功功率

电阻的平均功率 $P_R=U_R I_R=R I_R^2=U_R^2/R$;

电感的平均功率为零,无功功率 $Q_L=U_L I_L=X_L I_L^2=U_L^2/X_L$;

电容的平均功率为零,无功功率 $Q_C=U_C I_C=X_C I_C^2=U_C^2/X_C$。

无功功率的单位是"乏"(var)。

电感和电容无功功率的符号相反,标志它们在能量吞吐方面的互补作用。

(2) 线性无源单口网络的功率

① 有功功率(即平均功率)、电压和电流的有功分量

有功功率

$$P=UI\cos\varphi$$

等于该网络内所有电阻的平均功率之和。

端口电压、电流有功分量的有效值分别为

$$U_R=U\cos\varphi, \quad I_G=I\cos\varphi$$

② 无功功率、电压和电流的无功分量

无功功率

$$Q=UI\sin\varphi$$

端口电压、电流无功分量的有效值分别为

$$U_X=U|\sin\varphi|, \quad I_B=I|\sin\varphi|$$

③ 视在功率 $S=UI$

④ 功率因数 $\lambda=\dfrac{P}{S}=\cos\varphi$

6. 功率因数的提高

提高功率因数对于充分利用电源设备的容量,提高供电效率,是十分必要的。提高功率因数最简便的方法,就是在感性负载的两端并联一个容量合适的电容器。并联电容器并没有改变感性负载的复阻抗,因而负载的功率因数是不变的。

7. 串、并联的谐振

在 RLC 串联谐振电路中,谐振时因谐振阻抗最小($Z_0=R$),从而回路电流最大。

谐振条件: $$\omega_0 L=\frac{1}{\omega_0 C}$$

品质因数: $$Q_0=\frac{\omega_0 L}{R}=\frac{1}{\omega_0 CR}=\frac{1}{R}\sqrt{\frac{L}{C}}$$

L、C 上电压：$\qquad\qquad\qquad\qquad U_L = U_C = Q_0 U_S$

与以上对偶，在 RLC 并联谐振电路中，谐振时因谐振阻抗最大，从而谐振电压最大。

谐振条件：$\qquad\qquad\qquad\qquad \omega_0 L = \dfrac{1}{\omega_0 C}$

品质因数：$\qquad\qquad\qquad\qquad Q_0 = \dfrac{R}{\omega_0 L} = \omega_0 CR = R\sqrt{\dfrac{C}{L}}$

L、C 上电流：$\qquad\qquad\qquad\qquad I_L = I_C = Q_0 I_S$

习　题　三

3.1　已知工频正弦电压 u 的最大值为 311 V，初相为 $-60°$，其有效值为多少？写出其瞬时值表达式。当 $t = 0.0025$ s 时，U 的值为多少？

3.2　试求下列正弦信号的幅值、频率和初相，并画出其波形图。

(1) $u = 10\sin 314t$ V　　　　　　(2) $u = 5\sin(100t + 30°)$ V

(3) $u = 4\cos(2t - 120°)$ V　　　　(4) $u = 8\sqrt{2}\sin(2t - 225°)$ V

3.3　写出下列复数的极坐标形式

(1) $3 + j4$　　　　(2) $j5$　　　　(3) $-4 + j3$　　　　(4) 10

3.4　设 $A = 3 + j4$，$B = 10\angle 60°$，计算 $A + B$、$A \cdot B$、A/B。

3.5　用下列各式表示 RC 串联电路中的电压、电流，哪些是对的，哪些是错的？

(1) $i = \dfrac{u}{|Z|}$　　(2) $I = \dfrac{U}{R + X_C}$　　(3) $\dot{I} = \dfrac{\dot{U}}{R - j\omega C}$　　(4) $I = \dfrac{U}{|Z|}$

(5) $U = U_R + U_C$　　(6) $\dot{U} = \dot{U}_R + \dot{U}_C$　　(7) $\dot{I} = -j\dfrac{\dot{U}}{\omega C}$　　(8) $\dot{I} = j\dfrac{\dot{U}}{\omega C}$

3.6　用相量表示下列正弦量。

(1) $u = 10\sqrt{2}\sin 314t$ V　　　　　　(2) $i = -5\sqrt{2}\sin(314t - 60°)$ A

3.7　写出下列相量所表示的正弦信号的瞬时值表达式(设角频率均为 ω)。

(1) $\dot{I}_1 = (2 + j6)$ A　　　　　　(2) $\dot{I}_2 = 11.18\angle(-26.6°)$ A

(3) $\dot{U}_1 = (-6 + j8)$ V　　　　　(4) $\dot{U}_2 = 15\angle(-38°)$ V

3.8　已知 $i_1 = \sqrt{2}I\sin 314t$ A，$i_2 = -\sqrt{2}I\sin(314t + 120°)$ A，求 $i_3 = i_1 + i_2$。

3.9　设 u 和 i_L 关联参考方向，电感电压为 $u = 80\sin(1000t + 105°)$ V，若 $L = 0.02$ H，求电感电流 i_L。

3.10　已知元件 N 为电阻或电容，若其两端电压、电流各为如下情况所示，试确定元件的参数 R、L、C。

(1) $u = 300\sin\left(1000t + \dfrac{\pi}{4}\right)$ V，$i = 60\sin(1000t + 45°)$ A

(2) $u = 250\sin(200t + 50°)$ V，$i = 0.5\sin(200t + 140)$ A

3.11　电压 $u = 100\sin 10t$ V 施加于 10 H 的电感。

(1) 求电感吸收的瞬时功率 p_L；

(2) 求储存的瞬时能量 W_L。

3.12　图 3.1 中，$u_1 = 40$ V，$u_2 = 30$ V，$i = 10\sin(314t)$ A，则 U 为多少？并写出其瞬时值

表达式。

3.13 图 3.2 所示电路中,已知 $u=100\sin(314t+30°)$ V,$i=22.36\sin(314t+19.7°)$ A,$i_2=10\sin(314t+83.13°)$ A,试求 i_1、Z_1、Z_2,并说明 Z_1、Z_2 的性质,绘出相量图。

3.14 图 3.3 所示电路中,$X_L=X_C=R$,并已知电流表 A_1 的读数为 3 A,则电流表 A_2 和 A_3 的读数为多少?

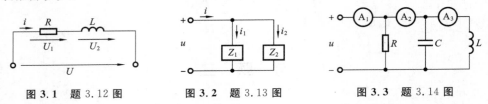

图 3.1　题 3.12 图　　　　图 3.2　题 3.13 图　　　　图 3.3　题 3.14 图

3.15 有一 R、L、C 串联的交流电路,已知 $X_L=X_C=R=10$ Ω,$I=1$ A,试求电压 U、U_R、U_L、U_C 和电路总阻抗 Z。

3.16 电路如图 3.4 所示,已知 $\omega=2$ rad/s,求电路的总阻抗 Z_{ab}。

3.17 电路如图 3.5 所示,已知 $R=20$ Ω,$\dot I=10\angle0°$ A,$X_L=10$ Ω,$\dot U_1=200$ V,求 X_C。

3.18 图 3.6 所示电路中,$u_S=10\sin314t$ V,$R_1=2$ Ω,$R_2=1$ Ω,$L=637$ mH,$C=637$ μF,求电流 i_1、i_2 和电压 u_C。

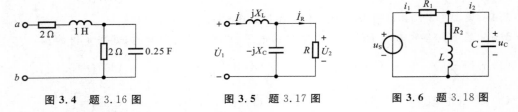

图 3.4　题 3.16 图　　　　图 3.5　题 3.17 图　　　　图 3.6　题 3.18 图

3.19 图 3.7 所示电路中,已知电源电压 $U=12$ V,$\omega=2000$ rad/s,求电流 I、I_1。

3.20 图 3.8 所示电路中,已知 $R_1=40$ Ω,$X_L=30$ Ω,$R_2=60$ Ω,$X_C=60$ Ω,电源电压为 220 V。试求各支路电流及总的有功功率、无功功率和功率因数。

图 3.7　题 3.19 图　　　　　　图 3.8　题 3.20 图

3.21 一个负载的工频电压为 220 V,功率为 10 kW,功率因数为 0.6,欲将功率因数提高到 0.9,试求所需并联的电容。

3.22 有一感性负载,其功率 $P=10$ kW,功率因数 $\cos\varphi_1=0.6$,接在电压 $U=220$ V 的电源上,电源频率 $f=50$ Hz。

(1) 如要将功率因数提高到 $\cos\varphi=0.95$,试求与负载并联的电容器的电容值和电容器并联前后的线路电流。

(2) 如要将功率因数从 0.95 提高到 1,试问并联电容器的电容值还需增加多少?

3.23 用节点电压法求图 3.9 所示电路中通过 3 Ω 电阻的电流。

3.24 应用戴维宁定理和叠加定理分析、计算正弦交流电流,正弦交流电路的相量模型如

图 3.10 所示，求 10 Ω 电阻支路中的电流 $\dot{I}$。

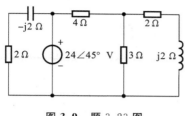

图 3.9　题 3.23 图

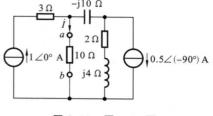

图 3.10　题 3.24 图

第4章 三相交流电路

电能的生产、输送和分配几乎全部采用三相交流电。容量较大的动力设备也都采用三相交流电。广泛应用三相交流电是因为它与前面讨论的单相交流电相比,具有下列优点:

(1) 制造三相发电机和三相变压器比制造同容量的单相交流发电机和单相变压器省材料;

(2) 在输电距离、输送功率、输电等级、负载的功率因数、输电损失及输电线材都相同的条件下,用三相输电所需输电线材更省,经济效益明显;

(3) 三相电流能产生旋转磁场,从而能制成结构简单、性能良好的三相异步电动机。

4.1 三相电源电路

4.1.1 三相电源

三相交流电一般是由三相交流发电机产生的。三相电源就是指三个频率相同、幅值相等、相位上相互间隔120°的正弦电压源按一定的方式连接而成的,故称三相对称电源。三相发电机就是一个三相电源,图4.1.1(a)为三相发电机原理图。在发电机的定子中嵌有三相电枢绕组,每相绕组结构完全相同,在空间位置上相互间隔120°,分别称为 U 相、V 相、W 相绕组,绕组的始端标以 U_1、V_1、W_1,对应的末端标以 U_2、V_2、W_2,当转子磁极匀速旋转时,将在三相绕组中产生正弦感应电动势,分别为 e_U、e_V、e_W,如图4.1.1(b)所示。若以 U 相为参考正弦量,则三相电动势为

$$\begin{cases} e_U = E_U \sin\omega t \\ e_V = E_V \sin(\omega t - 120°) \\ e_W = E_W \sin(\omega t + 120°) \end{cases} \tag{4.1.1}$$

若以相量形式表示,则

$$\begin{cases} \dot{E}_U = E_U \angle 0° \\ \dot{E}_V = E_V \angle 120° \\ \dot{E}_W = E_W \angle 120° \end{cases} \tag{4.1.2}$$

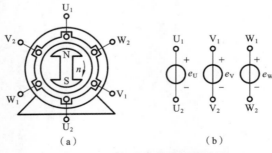

（a）　　　　　　　　　　　（b）

图 4.1.1　三相交流发电机原理图

它们的波形图和相量图如图 4.1.2(a)、(b)所示。

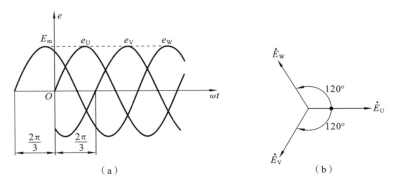

图 4.1.2　三相对称电动势波形图和相量图

从图 4.1.2 可知,三相对称电源有如下特性:

$$e_U + e_V + e_W = 0$$

或
$$\dot{E}_U + \dot{E}_V + \dot{E}_W = 0 \tag{4.1.3}$$

　　三相交流电出现正幅值的先后次序,称为三相电源的相序,若相序 U—V—W 称为正序,则相序 U—W—V 称为逆序。对于三相异步电动机来说,不同的相序,电动机的转向不同,要改变电动机的转向,只需任意对调两根电源线即可(实际上是改变旋转磁场的方向)。无特别说明,相序一般指正序。

4.1.2　三相电源的星形连接

　　将三相电源的末端 U_2、V_2、W_2 联成一点 N,而把始端 U_1、V_1、W_1 作为与外电路连接的端点,这种连接方式称为三相电源的星形连接。节点 N 称为中性点或零点。如图 4.1.3 所示。

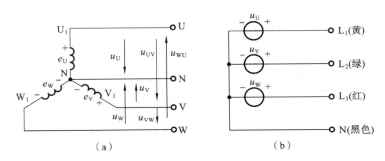

图 4.1.3　电源星形连接——三相四线制

三相电路的几个重要概念。

1. 三相四线制

　　三相电源星形连接,分别从三相绕组的始端和中性点引出四根线,这种供电系统,称为三相四线制。其中,从始端 U_1、V_1、W_1 引出的三根导线称为相线,常用 L_1、L_2、L_3 表示。在配电装置的母线上,分别涂以黄、绿、红三种颜色表示。从中性点引出的导线称为中性线,一般涂以黑色或淡蓝色。

　　三相四线制的供电系统,通常是低压供电网采用。我们日常生活所用到的单相供电线路,其实是其中的一相电路,一般由一根相线和一根中性线组成。

2. 相电压和线电压

在图 4.1.3 中,相线和中性线之间的电压,称为相电压,如 u_U、u_V、u_W,相线与相线之间的电压,称为线电压,如 u_{UV}、u_{VW}、u_{WU}。通常规定各相电动势的参考方向为从绕组的末端指向始端,相电压的参考方向为从始端指向末端(从相线指向中线);线电压的参考方向,例如 u_{UV},则是从 U 端指向 V 端。

3. 相电压和线电压的关系

在图 4.1.3 中,相电压和线电压用相量可表示为

$$\begin{cases} \dot{U}_{UV} = \dot{U}_U - \dot{U}_V = \sqrt{3}\dot{U}_U \lessdot 30° \\ \dot{U}_{VW} = \dot{U}_V - \dot{U}_W = \sqrt{3}\dot{U}_V \lessdot 30° \\ \dot{U}_{WU} = \dot{U}_W - \dot{U}_U = \sqrt{3}\dot{U}_W \lessdot 30° \end{cases} \qquad (4.1.4)$$

因三相电动势是对称的,故三相电压也是对称的,互成 120°,三相对称电压的相量图如图 4.1.4 所示。

利用平行四边形法则,相量合成可得线电压和相电压的关系。如图 4.1.4 所示。从相量图可知,线电压也是对称的,且相位超前相电压 30°,有效值是相电压有效值的 $\sqrt{3}$ 倍。

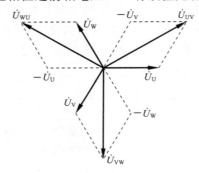

图 4.1.4　三相对称电压相量图

练习与思考

4.1.1　三相对称电源星形连接,当相电压 $u_U = 220\sqrt{2}\sin(\omega t + 30°)$ V 时,线电压 u_{VW} 是多少?

4.1.2　三相对称电源的相电压 $u_U = 220\sqrt{2}\sin(\omega t)$ V,若错将 U、V、W 连接在一起作为中性点,则输出相电压及线电压各为多少? 并画出它们的相量图。

4.1.3　发电机的三相绕组也可以接成三角形,即依顺序将一相绕组的尾端与另一相的首端依次连接,形成一个闭合回路,再从三个连接点引出三条输电线,试画出三相电源三角形连接图。试问:三角形回路中的电流为多少? 线电压与相电压有何关系?

4.2　三相负载的连接

负载接入电源的总原则是对所需要的额定电压进行连接。三相负载有星形(Y)和三角形(△)两种连接方式。每种连接方式又分为对称负载连接和不对称负载连接。本节重点分析三相负载星形连接和三角形连接电路。

4.2.1　三相负载的星形连接

三相负载星形连接电路如图 4.2.1 所示。每相负载的阻抗分别为 Z_U、Z_V、Z_W，它们的一端分别接至电源的三根火线，另一端则连在一起接至电源的中性线。通常把流经负载的电流称为相电流，每根火线中的电流称为线电流，星形连接时线电流与相电流是同一电流。此外，流过中性线的电流称为中性线电流。按图 4.2.1 中电压、电流的参考方向，有

$$\dot{I}_U = \frac{\dot{U}_U}{Z_U}, \quad \dot{I}_V = \frac{\dot{U}_V}{Z_V}, \quad \dot{I}_W = \frac{\dot{U}_W}{Z_W} \tag{4.2.1}$$

$$\dot{I}_N = \dot{I}_U + \dot{I}_V + \dot{I}_W \tag{4.2.2}$$

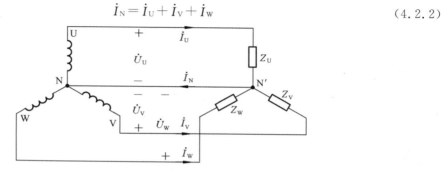

图 4.2.1　负载星形连接的三相四线制电路

若以 $\dot{U}_U$ 为参考相量，设三相负载为感性，负载阻抗角分别为 φ_U、φ_V、φ_W，则各电压、电流的相量图如图 4.2.2 所示。

若三相负载也对称，即三相负载的大小相等、阻抗角也相等，$Z_U = Z_V = Z_W = |Z| \angle \varphi$，则三相电流也一定对称。相量图如图 4.2.3 所示。因此，三相电路的分析计算可化作单相处理，即只要分析计算一相，其余两相就可以直接写出，如

$$\dot{I}_U = \frac{\dot{U}_U}{Z_U}$$

$$\dot{I}_V = \dot{I}_U \angle (-120°)$$

$$\dot{I}_W = \dot{I}_U \angle 120°$$

由于三相电流对称，所以中性线上没有电流，即

$$\dot{I}_N = \dot{I}_U + \dot{I}_V + \dot{I}_W = 0$$

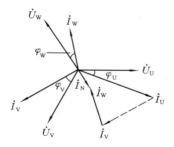

图 4.2.2　负载星形连接时电压
与电流的相量图

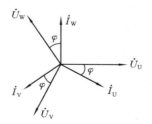

图 4.2.3　对称负载星形连接时电压
与电流的相量图

既然中性线上没有电流，那么中性线可以省去。所以，对称负载星形连接可采用三相三线制电路，三相电动机就是最常见三相三线制对称三相负载，在生产上应用极为广泛。

【例 4.2.1】 有一对称三相负载作星形连接,已知线电压 $u_{UV}=380\sqrt{2}\sin(\omega t+30°)$ V,负载 $Z=(30+j40)$ Ω,试求相电流 i_U、i_V、i_W。

解
$$\dot{U}_U=\frac{\dot{U}_{UV}}{\sqrt{3}}\angle(-30°)=\frac{380\angle 30°}{\sqrt{3}}\angle(-30°)\text{ V}=220\angle 0°\text{ V}$$

$$\dot{I}_U=\frac{\dot{U}_U}{Z}=\frac{220\angle 0°}{(30+j40)}\frac{Ω}{Ω}=\frac{220\angle 0°}{50\angle 53°}\text{ A}=4.4\angle(-53°)\text{ A}$$

$$i_U=4.4\sqrt{2}\sin(\omega t-53°)\text{ A}$$

因相电流对称,故
$$i_V=4.4\sqrt{2}\sin(\omega t-173°)\text{ A}$$
$$i_W=4.4\sqrt{2}\sin(\omega t+67°)\text{ A}$$

【例 4.2.2】 三相电路如图 4.2.1 所示。已知 $Z_U=10$ Ω,$Z_V=10\angle 30°$ Ω,$Z_W=10\angle(-30°)$ Ω,设相电压 $u_U=220\sqrt{2}\sin(\omega t)$ V。试求各相电流及中性线电流,并画出相量图。

解
$$\dot{I}_U=\frac{\dot{U}_U}{Z_U}=\frac{220\angle 0°}{10}\text{A}=22\angle 0°\text{ A}$$

$$\dot{I}_V=\frac{\dot{U}_V}{Z_V}=\frac{220\angle(-120°)}{10\angle 30°}\text{A}=22\angle(-150°)\text{ A}$$

$$\dot{I}_W=\frac{\dot{U}_W}{Z_W}=\frac{220\angle 120°}{10\angle(-30°)}\text{A}=22\angle 150°\text{ A}$$

$$\dot{I}_N=\dot{I}_U+\dot{I}_V+\dot{I}_W=[22+22\angle(-150°)+22\angle 150°]\text{ A}=-22(\sqrt{3}-1)\text{ A}=-16.1\text{ A}$$

相量图如图 4.2.4 所示。

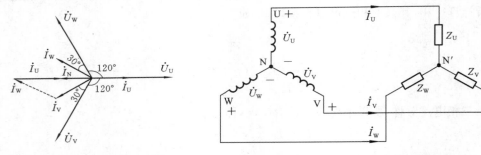

图 4.2.4 例 4.2.2 的相量图　　　　图 4.2.5 例 4.2.3 的电路图

【例 4.2.3】 三相电路如图 4.2.5 所示。已知 $Z_U=11\angle 0°$ Ω,$Z_V=Z_W=22\angle 0°$ Ω,设相电压 $u_U=220\sqrt{2}\sin\omega t$ V。试求各相电流,并画出相量图。

解
$$\dot{U}_{N'N}=\frac{\dfrac{220}{11}+\dfrac{220\angle(-120°)}{22}+\dfrac{220\angle 120°}{22}}{\dfrac{1}{11}+\dfrac{1}{22}+\dfrac{1}{22}}\text{ V}=\frac{20+10\angle(-120°)+10\angle 120°}{\dfrac{2}{11}}\text{ V}$$

$$=10\times\frac{11}{2}\text{ V}=55\angle 0°\text{ V}$$

$$\dot{U}'_U=\dot{U}_U-\dot{U}_{N'N}=(220-55)\text{ V}=165\angle 0°\text{ V}$$

$$\dot{U}'_V=\dot{U}_V-\dot{U}_{N'N}=[220\angle(-120°)-55\angle 0°]\text{ V}=252\angle(-131°)\text{ V}$$

$$\dot{U}'_W = \dot{U}_W - \dot{U}_{N'N} = (220\angle 120° - 55\angle 0°)\ \mathrm{V}$$
$$= 252\angle 131°\ \mathrm{V}$$

$$\dot{I}_U = \frac{\dot{U}_{U'}}{Z_U} = \frac{165\angle 0°}{11}\ \mathrm{A} = 15\angle 0°\ \mathrm{A}$$

$$\dot{I}_V = \frac{\dot{U}_{V'}}{Z_V} = \frac{252\angle(-131°)}{22}\ \mathrm{A} = 11.45\angle(-131°)\ \mathrm{A}$$

$$\dot{I}_W = \frac{\dot{U}_{W'}}{Z_W} = \frac{252\angle 131°}{22}\ \mathrm{A} = 11.45\angle 131°\ \mathrm{A}$$

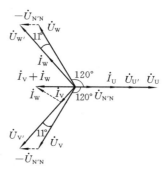

相量图如图 4.2.6 所示。

图 4.2.6　例 4.2.3 的相量图

由上述讨论可知,中性线的作用在于使星形连接不对称负载的相电压对称。若中性线断开,则会导致有的相电压高于负载的额定值,有的相电压低于负载额定值,各相负载都不能正常工作。所以干线上的中性线不允许接开关或者熔断器。

4.2.2　三相负载的三角形连接

负载三角形连接的电路如图 4.2.7 所示,每相负载阻抗分别为 Z_{UV}、Z_{VW} 和 Z_{WU},线电压为 $\dot{U}_{UV}$、$\dot{U}_{VW}$ 和 $\dot{U}_{WU}$,相电流为 $\dot{I}_{UV}$、$\dot{I}_{VW}$ 和 $\dot{I}_{WU}$,它们的正方向如图 4.2.7 中所示。由于每相负载都接在两根火线之间,故各相负载的相电压就是电源的线电压。

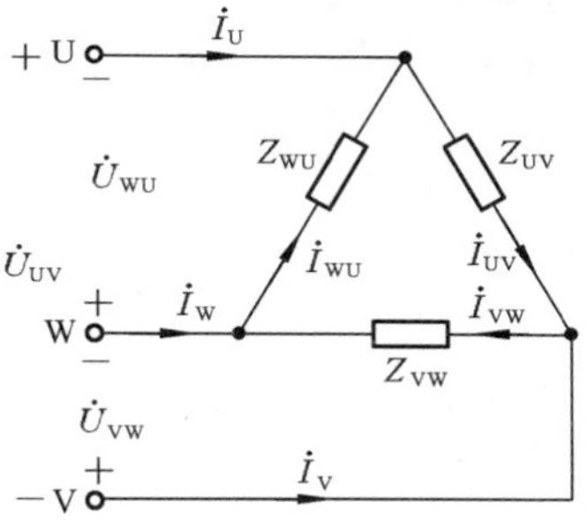

各相电流分别为

$$\begin{cases} \dot{I}_{UV} = \dfrac{\dot{U}_{UV}}{Z_{UV}} \\[2mm] \dot{I}_{VW} = \dfrac{\dot{U}_{VW}}{Z_{VW}} \\[2mm] \dot{I}_{WU} = \dfrac{\dot{U}_{WU}}{Z_{WU}} \end{cases} \tag{4.2.3}$$

图 4.2.7　负载三角形连接的
　　　　　三相电路

根据基尔霍夫电流定律可写出线电流 $\dot{I}_U$、$\dot{I}_V$ 和 $\dot{I}_W$ 与相电流的关系式,即

$$\begin{cases} \dot{I}_U = \dot{I}_{UV} - \dot{I}_{WU} \\ \dot{I}_V = \dot{I}_{VW} - \dot{I}_{UV} \\ \dot{I}_W = \dot{I}_{WU} - \dot{I}_{VW} \end{cases} \tag{4.2.4}$$

若负载对称,即

$$Z_{UV} = Z_{VW} = Z_{WU} = Z = |Z|\angle\varphi$$

则负载的相电流对称,若设 $\dot{U}_{UV} = U_{UV}\angle 30°$,对称相负载阻抗角 $\varphi = 30°$,则

$$\begin{cases} \dot{I}_{UV} = \dfrac{\dot{U}_{UV}}{Z_{UV}} \\[2mm] \dot{I}_{VW} = \dot{I}_{UV}\angle(-120°) \\[2mm] \dot{I}_{WU} = \dot{I}_{UV}\angle 120° \end{cases} \tag{4.2.5}$$

相量图如图 4.2.8 所示。

从图 4.2.8 中不难看出负载三角形连接电路中线电流与相电流的关系为

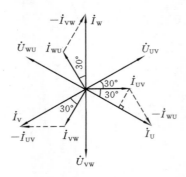

图 4.2.8　对称负载三角形连接的电压与电流的相量图

$$\begin{cases} \dot{I}_{U} = \sqrt{3}\,\dot{I}_{UV}\angle(-30°) \\ \dot{I}_{V} = \sqrt{3}\,\dot{I}_{VW}\angle(-30°) \\ \dot{I}_{W} = \sqrt{3}\,\dot{I}_{WU}\angle(-30°) \end{cases} \tag{4.2.6}$$

即在大小上,线电流是相电流的 $\sqrt{3}$ 倍($I_1 = \sqrt{3}\,I_P$);在相位上,线电流滞后相应的相电流 30°,故三个线电流也是对称的。

【例 4.2.4】 在对称负载三角形连接的三相电路中,已知其线电流 $\dot{I}_U = 30\angle 30°$ A。试求其他线电流和负载相电流的相量式。

解 线电流为

$$\dot{I}_V = \dot{I}_U\angle(-120°) = -j30 \text{ A}$$
$$\dot{I}_W = \dot{I}_U\angle 120° = 30\angle 150° \text{ A}$$

相电流为
$$\dot{I}_{UV} = \frac{\dot{I}_U}{\sqrt{3}}\angle 30° = \frac{30\angle 30°}{\sqrt{3}}\angle 30° = 10\sqrt{3}\angle 60° \text{ A}$$

$$\dot{I}_{VW} = \dot{I}_{UV}\angle(-120°) = 10\sqrt{3}\angle(-60°) \text{ A}$$
$$\dot{I}_{WU} = \dot{I}_{UV}\angle 120° = 10\sqrt{3}\angle 180° = -10\sqrt{3} \text{ A}$$

【例 4.2.5】 三相交流电路如图 4.2.9 所示,已知 $U_1 = 380$ V,$Z_{UV} = R = 10$ Ω,$Z_{VW} = jX_L = j10$ Ω,$Z_{WU} = -jX_C = -j10$ Ω。试求其相电流 $\dot{I}_{UV}$、$\dot{I}_{VW}$、$\dot{I}_{WU}$ 和线电流 $\dot{I}_U$、$\dot{I}_V$、$\dot{I}_W$,并画出相量图。

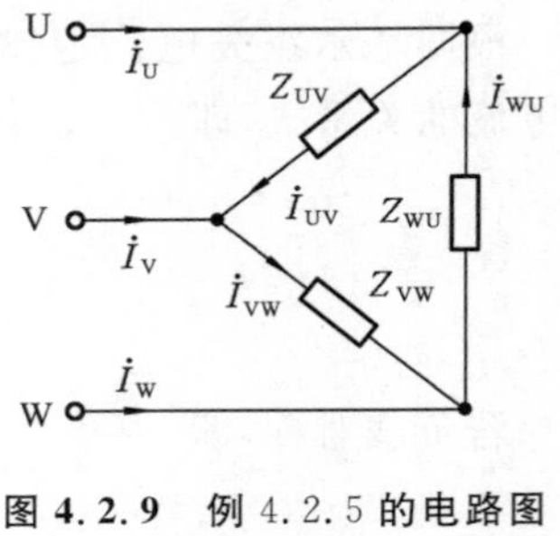

解 设 $\dot{U}_{UV} = 380\angle 0°$ V,则相电流为

$$\dot{I}_{UV} = \frac{\dot{U}_{UV}}{R} = \frac{380\angle 0°}{10} \text{ A} = 38\angle 0° \text{ A}$$

图 4.2.9　例 4.2.5 的电路图

$$\dot{I}_{VW} = \frac{\dot{U}_{VW}}{jX_L} = \frac{380\angle(-120°)}{j10} \text{ A} = 38\angle 150° \text{ A}$$

$$\dot{I}_{WU} = \frac{\dot{U}_{WU}}{-jX_W} = \frac{380\angle 120°}{-j10} \text{ A} = 38\angle(-150°) \text{ A}$$

线电流为
$$\dot{I}_U = \dot{I}_{UV} - \dot{I}_{WU} = [38 - 38\angle(-150°)] \text{ A} = 73.4\angle 15° \text{ A}$$

$$\dot{I}_V = \dot{I}_{VW} - \dot{I}_{UV} = 73.4\angle 165° \text{ A}$$

$$\dot{I}_W = \dot{I}_{WU} - \dot{I}_{VW} = 38\angle(-90°) \text{ A}$$

相量图如图 4.2.10 所示。

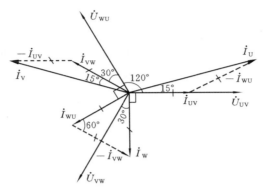

图 4.2.10　例 4.2.5 的相量图

练习与思考

4.2.1　星形连接的三相四线制电路中,中性线有何作用? 在什么情况下星形连接的三相电路中可以不要中性线?

4.2.2　在三相电路中,对称负载星形连接时各线电压与相电压之间有什么关系? 对称负载三角形连接时各线电流与相电流是什么关系?

4.2.3　三相对称负载每相负载的额定电压是 220 V,若电源线电压为 380 V,则负载应如何连接? 若电源的线电压为 220 V,则负载应如何连接?

4.3　三相电路功率及测量

三相负载,无论是星形连接还是三角形连接,三相电路的总有功功率等于各相有功功率之和,总的无功功率等于各相无功功率之和。

4.3.1　有功功率

设三相有功功率分别为 P_U、P_V、P_W,则三相电路的有功功率为

$$P = P_U + P_V + P_W \tag{4.3.1}$$

若是三相对称负载,则每相的有功功率相等,故有

$$P = 3P_U = 3U_P I_P \cos\varphi \tag{4.3.2}$$

式中,φ 是相电压 U_P 和相电流 I_P 的相位差。

由于三相电路中,线电压 U_L 和线电流 I_L 较容易测量,三相用电设备上的铭牌也是标注线电压和线电流,故式(4.3.2)多用线电压和线电流表示。

对于三相对称负载星形连接,有如下关系:

$$U_L = \sqrt{3}U_P, \quad I_L = I_P$$

对于三相对称负载三角形连接,有如下关系:

$$U_L = U_P, \quad I_L = \sqrt{3}I_P$$

分别代入式(4.3.2)中,均可得三相对称负载电路的有功功率:

$$P = \sqrt{3}U_L I_L \cos\varphi \tag{4.3.3}$$

4.3.2　无功功率

设每相电路的无功功率分别为 Q_U、Q_V、Q_W，则三相电路无功功率为

$$Q=Q_U+Q_V+Q_W \tag{4.3.4}$$

若是三相对称负载，则有

$$Q=3Q_U=3U_P I_P \sin\varphi \tag{4.3.5}$$

同理，根据三相对称负载电压、电流的关系，可得三相对称负载电路的无功功率：

$$Q=\sqrt{3}U_L I_L \sin\varphi \tag{4.3.6}$$

4.3.3　视在功率

三相负载电路的视在功率定义为

$$S=\sqrt{P^2+Q^2} \tag{4.3.7}$$

一般情况下三相负载的视在功率不等于各相视在功率之和，只有当负载对称时，三相视在功率才等于各相视在功率之和。

三相对称负载的视在功率为

$$S=3U_P I_P=\sqrt{3}U_L I_L \tag{4.3.8}$$

【例 4.3.1】　三相对称负载 $Z=3+j4\ \Omega$，接于线电压为 380 V 的三相电源上，试分别求负载星形连接和三角形连接时三相电路消耗的总功率。

解　当三相负载星形连接时，有

$$U_L=\sqrt{3}U_P,\quad I_L=I_P$$

而

$$U_L=380\ \text{V},\quad Z=3+4j=5\angle53°\ \Omega$$

所以

$$U_P=\frac{U_L}{\sqrt{3}}=\frac{380}{\sqrt{3}}\ \text{V}=220\ \text{V}$$

$$I_P=\frac{U_P}{|Z|}=\frac{220}{5}\ \text{A}=44\ \text{A}$$

三相电路的总功率为

$$P=\sqrt{3}U_L I_L\cos\varphi=\sqrt{3}\times380\times44\times\cos53°\ \text{W}=17.3\ \text{kW}$$

当三相对称负载三角形连接时，有

$$U_L=U_P,\quad I_L=\sqrt{3}I_P$$

所以

$$I_L=\sqrt{3}I_P=\sqrt{3}\frac{U_P}{|Z|}=\frac{\sqrt{3}\times380}{5}\ \text{A}=131.6\ \text{A}$$

三相电路的总功率为

$$P=\sqrt{3}U_L I_L\cos\varphi=\sqrt{3}\times380\times131.6\times\cos53°\ \text{W}=52.1\ \text{kW}$$

例题计算结果表明：在电源电压不变的情况下，同一负载由星形连接改接成三角形连接时，功率将增加成为原来的 3 倍。因此，若要使负载正常工作，则负载的接法必须正确。若正常工作是星形连接的负载，接成三角形连接，将因功率过大而烧毁；若正常工作是三角形连接的负载，接成星形连接，则因功率过小而不能正常工作。

4.3.4　电功率的测量

测量电功率通常用电动式仪表。测量功率时，电动式仪表可动线圈的电流从旋转弹簧流

入,因为线圈的导线较细,所通过的电流较小,所以用可动线圈作为电压线圈(即可动线圈)串联倍压器后,与测量电路并联以测量负载电压。

固定线圈的电流可直接流入线圈,因为线圈的导线较粗,可以通过较大电流,所以可作为电流线圈(固定线圈)与被测电路串联以测量电流。功率表的结构示意如图 4.3.1 所示。

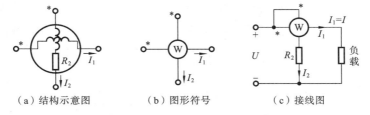

（a）结构示意图　　　　（b）图形符号　　　　（c）接线图

图 4.3.1　功率表的结构示意图

1. 直流电功率的测量

直流电功率可以用电压表和电流表间接测量求得,也可以用功率表来直接测量。直接测量时的接线如图 4.3.1(c)所示。应该注意,电压线圈与电流线圈的进线端一般标记为" * ",应把两个进线端接到电源的同一端,使得两个线圈的电流参考方向相同。

电动式功率表的偏转角 α 与功率 UI 成正比。也就是说,只要测出了指针的偏转格数,就可以算出被测量的电功率,即

$$P=UI=\frac{U_{\mathrm{N}}I_{\mathrm{N}}}{\alpha_{\mathrm{m}}}\alpha=C\alpha \tag{4.3.9}$$

式中,$C=\dfrac{U_{\mathrm{N}}I_{\mathrm{N}}}{\alpha_{\mathrm{m}}}$ 为功率表每格所代表的功率,用量程 $U_{\mathrm{N}}I_{\mathrm{N}}$ 除以满标值 α_{m} 求得。

【例 4.3.2】　功率表的满标值为 1000,现选用电压为 100 V,电流为 5 A 的量程,若读数为 600,求被测功率为多少?

解　选用的量程为 $U_{\mathrm{N}}I_{\mathrm{N}}$,则功率表每格所代表的功率为

$$C=\frac{U_{\mathrm{N}}I_{\mathrm{N}}}{\alpha_{\mathrm{m}}}=\frac{5\times100}{1000}\ \mathrm{W/格}=0.5\ \mathrm{W/格}$$

于是,被测功率为

$$P=C\alpha=0.5\times600\ \mathrm{W}=300\ \mathrm{W}$$

从上例可以看出,功率表的量程选择实际上是通过选择电压和电流量程来实现的。

2. 单相交流电功率的测量

在测量交流电时,电动式仪表的偏转角 α 不仅与电压电流有效值的乘积有关,而且与它们的相位差的余弦有关。电动式功率表的电压线圈上的电压与其所通过的电流有一定的相差,但电动式仪表的电压线圈串有很大的分压电阻,其感抗与电阻相比可忽略,认为电压线圈上的电压与其电流基本同相,则有

$$\alpha=KI_1I_2\cos\varphi=KI_1\frac{U}{R_2}\cos\varphi=\frac{K}{R_2}IU\cos\varphi=K_{\mathrm{P}}IU\cos\varphi \tag{4.3.10}$$

则单相交流电的功率

$$P=IU\cos\varphi=\frac{\alpha}{K_{\mathrm{P}}}=C\alpha \tag{4.3.11}$$

可见,由功率表测得的单相交流电的功率是平均功率,它与功率表的偏转角成正比。

同理,只要测出了仪表的偏转表格,即可算出被测功率。

实验室用的单相功率表一般都有两个相同的电流线圈,可以通过两个线圈的不同连接方法(串联或并联)来获得不同的量程,电压线圈量程的改变是通过改变倍压器来实现的。

3. 三相交流电功率的测量

三相交流电的功率有以下三种测量方法。

(1)一表法。对于三相对称负载电路,由于各相负载所消耗的功率相等,所以采用一个功率表测量出某一相的功率 P_1,然后乘以 3,如图 4.3.2 所示,则三相对称负载电路的功率为

$$P = 3P_1 \tag{4.3.12}$$

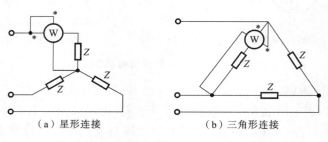

（a）星形连接　　　（b）三角形连接

图 4.3.2　一表法测量三相对称电路功率

(2)两表法。对于三相三线制电路,不论负载是星形还是三角形,都可以采用两表法来测量功率,如图 4.3.3 所示。

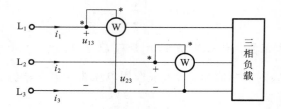

图 4.3.3　两表法测量三相三线制电路功率

采用两表法进行测量时,两个功率表的电流线圈串接在三相电路中任意两相以测线电流,电压线圈分别跨接在电流线圈所在相和公共相之间以测线电压。应该注意的是,电压线圈和电流线圈的进线端"＊"仍然应该接在电源的同一侧,否则将损坏仪表。

设两个功率表的读数分别为 P_1、P_2,由图 4.3.3 可以看出

$$\begin{cases} P_1 = U_{13} I_1 \cos\alpha \\ P_2 = U_{23} I_2 \cos\beta \end{cases}$$

式中,α 为线电压 u_{13} 与线电流 i_1 的相位差;β 为线电压 u_{23} 与线电流 i_2 的相位差。

三相瞬时功率为

$$\begin{aligned} P &= P_1 + P_2 + P_3 = u_1 i_1 + u_2 i_2 + u_3 i_3 = u_1 i_1 + u_2 i_2 + u_3(-i_1 - i_2) \\ &= (u_1 - u_3) i_1 + (u_2 - u_3) i_2 = u_{13} i_1 + u_{23} i_2 \end{aligned}$$

平均功率为

$$\begin{aligned} P &= \frac{1}{T} \int_0^T P \mathrm{d}t = \frac{1}{T} \int_0^T P \mathrm{d}t = \frac{1}{T} \int_0^T (u_{13} i_1 + u_{23} i_2) \mathrm{d}t \\ &= U_{13} I_1 \cos\alpha + U_{23} I_2 \cos\beta = P_1 + P_2 \end{aligned}$$

即

$$P = P_1 + P_2 \tag{4.3.13}$$

由式(4.3.13)可知,三相三线制电路采用两表法测量时,三相总功率等于两表的读数之和。

　　当负载的功率因数很低时,线电压和线电流的相位差可能大于 90°,功率表的指针要反偏,这时必须将功率表的电流线圈反接才能测量出结果,但计算总功率时,必须将此项计为负值,即式(4.3.13)是两表的代数和。

　　(3)三表法。对于三相四线制电路,通常采用三表法测量功率,如图 4.3.4 所示。三个功率表的代数和即为三相总功率,即

$$P = P_1 + P_2 + P_3 \qquad\qquad (4.3.14)$$

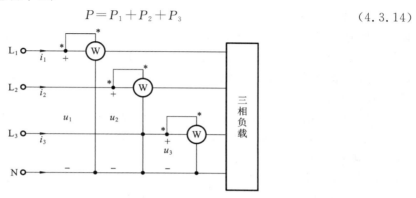

图 4.3.4　三表法测量三相四线制电路功率

练习与思考

　　4.3.1　三相不对称负载电路的视在功率用公式 $S = S_U + S_V + S_W$ 计算,是否正确?

　　4.3.2　某三相对称负载在线电压为 220 V 时,连接成三角形,当线电压为 380 V 时,连接成星形。两种情况下负载的相电压、相电流及功率都不变。其线电压与线电流也一样吗?

4.4　安全用电

　　电能已经广泛地应用于工业、农业、国防、科学技术及人们的日常生活之中。电能的使用大大提高了人类的生产力。若违反了用电的客观规律,就可能导致触电、火灾、爆炸等事故,危及人民生命财产的安全。因此,要学习基本的安全用电知识,加强劳动保护教育,并从思想上给予足够的重视,避免不必要的人身伤亡和财产损失。

4.4.1　电流对人体的危害

　　不慎接触带电体,导致电流通过人体,使人体受到不同程度的伤害,通常把这种现象称为触电。根据人体外部组织及内部器官的损伤程度,触电分为电伤与电击两种。电伤是指电流的热效应对人体外部造成的伤害,如电弧对人的皮肤和眼睛的灼伤。电击是指电流通过人体,使内部器官组织受到损伤,若受害人不能及时摆脱带电体,则会导致死亡。严重的触电事故往往两种伤害同时存在。绝大多数触电事故是由电击造成的,所以通常说触电一般指电击。

　　电击导致人体受伤害的程度与人体电阻、通过人体电流的大小与频率、触电时间的长短、电流通过人体部位、电压的高低等诸多因素有关。

　　1. 人体电阻

　　人体电阻的大小与皮肤的健康、干燥、洁净程度等诸多因素有关。电阻值高者可达 100 kΩ

以上,低者只有数百欧姆,一般人体电阻大约为 1 kΩ。人体呈现偏容性的电阻。为了简单起见,常把人体电阻表示成纯电阻,用 R_r 表示。

2. 电流的大小与持续时间

研究结果表明,一般人体遭遇频率为 50 Hz 的电击时,能承受的能量极限为

$$W = It = 50 \text{ mA} \cdot \text{s}$$

式中,I 为通过人体的电流,单位为毫安(mA);t 为电流连续通过人体的时间,单位为秒(s)。即人体触电的电流与时间的累积效应超过 50 mA·s 时就会危及生命。

通常说 36 V 以下的电压是安全电压,是因为 $36 \text{ V}/R_r = 36 \text{ V}/1 \text{ kΩ} = 36 \text{ mA} < 50 \text{ mA}$。这只是就一般情况而言的,对不同人、不同环境绝不能一概而论。如潮湿环境下,安全电压要降低,通常可定为 24 V 或更低。

显然,电流通过人体的时间越长,对人体危害越大,因此一旦发生触电事故,首先要迅速切断电源或采取其他措施,使触电者及时脱离带电体,终止电流对人体的继续伤害,然后加以救治。

3. 电流的频率

由于电流的集肤现象,高频交流电流通过人体时,总是从人体皮肤表面通过,不会通过心脏和神经中枢,不会致命。20~200 Hz 的交流电对人体伤害最大,其中又以 50 Hz 最为甚。

此外,触电对人体造成的伤害程度还与人的体重、电流通过人体的部位及人体与带电体接触的面积等因素有关。

4.4.2　触电形式

常见的触电形式有单相触电、双相触电及跨步电压触电等,下面分别介绍。

1. 单相触电

图 4.4.1 所示的为三相四线制低压(相电压 220 V)供电系统,电源中性点接地。人体碰触某一相裸露的相线时导致单相触电,即电流经人体、鞋、大地及接地系统构成回路。图中 R 是电源相线对大地的绝缘电阻(实为容性),一般比人体电阻大得多,可忽略;接地系统的等效电阻很小,一般为数欧以下;若地下水位较高,土壤潮湿,呈现的电阻也很小,可忽略。人体承受的电压是相电压,通过人体的电流为

$$I = \frac{U_P}{R_r + R_X}$$

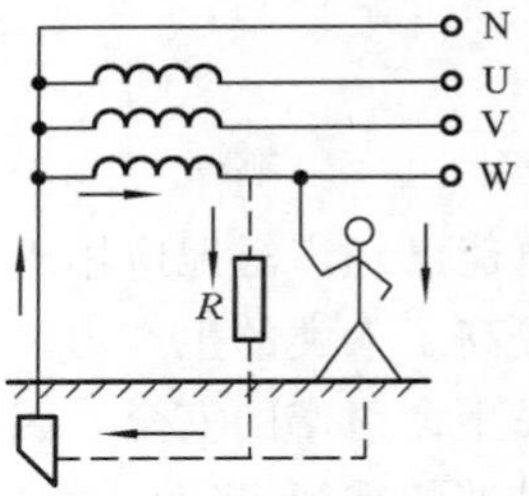

图 4.4.1　中性点接地的单线触电

式中,I 为通过人体的电流;R_r 为人体电阻;R_X 为鞋的等效电阻;U_P 为相电压。

其危险很大,危害程度主要取决于鞋的绝缘性能。

图 4.4.2 所示的为电源中性点不接地系统中的单相触电示意图。人体碰触某一相裸露的相线时,剩余两相线对大地的两个绝缘电阻 R 与大地、人体构成电流回路。同样,被触相的对地绝缘电阻 R 与人体电阻 R_r 并联。其等效电路如图 4.4.3 所示。根据图 4.4.3,人体承受的电压、通过人体的电流可按不对称无中性线结构电路的分析方法得到,即

$$U_r = \frac{4R_r U_P}{3R_r + R}, \quad I_r = \frac{4U_P}{3R_r + R} \approx \frac{3U_P}{3R_r + R}$$

显然,人体承受的电压低于相电压 U_P,通过人体的电流比中性线接地时小,故与同样相电压中性线接地的供电系统比较,危险性较小,但也足以使人致命。

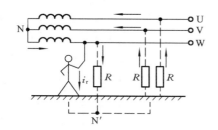

图 4.4.2 中性点不接地的单相触电

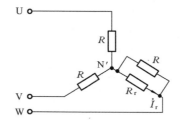

图 4.4.3 图 4.4.2 的等效电路

2. 双相触电

人体的两处同时接触两相带电体,如图 4.4.4 所示。电流从一相通过人体流入另一相,构成一个闭合回路,这种触电方式称为双相触电。双相触电时人体承受线电压,而且没有任何绝缘防护,故这种触电方式最危险。若按低压供电系统考虑,设线电压为 380 V,人体电阻设为 1 kΩ,则通过人体的电流高达 380 mA,这样大的电流通过人体,瞬间就能使人致命。

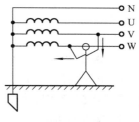

图 4.4.4 双相触电

3. 跨步电压触电

输电线断线,且与大地接触,有大量电流流入大地,因而在电线着地点周围的大地上产生了电位差,当人接近电线着地点时,两脚之间承受了跨步电压。

跨步电压大小与跨步距及人离电线着地点距离、流入地下电流大小等因素有关。一般情况下,在离 10 kV 高压线着地点 20 m 以外、线电压 380 V 的火线着地点 5 m 以外是基本安全的。若误入危险区,有触电感觉,首先要冷静,双脚并拢或单脚着地,弄清电流入地点的大概方位,然后朝远离电流入地点的方向双脚并跳或单脚跳离,避免触电。

4.4.3 接地和接零

各种电气设备由于绝缘年久老化,过高的电压可能直接击穿绝缘层,机械磨损或接线端松脱等都可能使电源火线与设备金属外壳碰触,导致金属外壳带电,引起电气设备损坏或人身触电事故。为了防止这类事故的发生,最常用的也最简便易行的措施就是接地与接零。下面分别介绍。

1. 工作接地

为了电力系统的正常运行与安全而设置的接地,即电源中性点的接地通常称为工作接地,如图 4.4.5 所示。当供电系统出现故障,如一相火线接地时,有工作接地的系统,电源经大地及工作接地系统构成短路,因为接地电阻很小(数欧),故短路电流很大,保护装置动作可以及时切断故障设备的电源,以保证系统及人身的安全。若无工作接地,则因为中性点对地的绝缘电阻很大,故短路线中的电流很小,不足以使保护装置动作而切断电源。这种故障可能较长时间不被发现,导致触电事故的发生。同时,有工作接地可降低触电电压。若一相对地短路,无工作接地,则另外两相对地的电压为线电压;有工作接地,则另外两相对地的电压为相电压。

2. 保护接地

电源中性点不接地的三相三线制供电系统中,常将用电设备的金属外壳通过接地装置接大地,称为保护接地,如图 4.4.6 所示。低压供电系统要求接地电阻 $R_N \leqslant 4$ Ω,越小越好。在该系统中,若电动机的绕组与其外壳间绝缘老化或碰触等造成短路,则本来应该不带电的电动机外壳带电了,这常称为漏电。若无保护接地,则人体触及漏电的外壳的触电形式与中性线不接地单相触电形式相同。若有保护接地,则人体触及漏电的外壳时,因人体电阻 R_r 远大于接地电阻 R_N,电流主要从接地装置旁路流入大地,基本不进入人体,能有效保障人身安全。

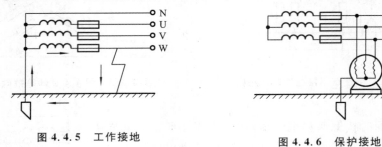

图 4.4.5　工作接地　　　　　　　　　　　图 4.4.6　保护接地

3. 保护接零

在中性线接地的三相四线制系统中,将电气设备的金属外壳接到中性线上,如图4.4.7所示,这种保护措施称为保护接零。若无保护接零,则人体接触漏电金属外壳时,会导致如同中性线接地的单相触电。有了保护接零,当金属外壳漏电时,漏电相电压被保护接零及中性线短路,短路电流很大,迅速将这一相中的熔丝熔断,可起到保护作用。若有人体触及漏电的金属外壳,则人体是与保护接零系统并联的,因为人体电阻要大得多,所以通过人体的电流是很微弱的。

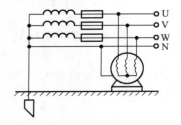
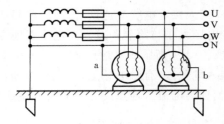

图 4.4.7　保护接零　　　　　　　　图 4.4.8　保护接零与保护接地不能共存

对于保护接地和保护接零,在这里要特别强调几点。

(1) 在中性线接地的三相四线制系统中,不允许同时出现保护接地与保护接零。如图4.4.8所示,若保护接地的电动机 b 出现 W 相碰壳,则 W 相电动势被工作接地与保护接地的两个接地等效电阻分压,这两个电阻通过大地串联,工作接地电阻两端的分压就是中性点(即保护接零电动机 a 外壳)对地的电压,若有人碰触电动机 a 外壳,则有触电危险。

(2) 在中性线不接地系统中,不能采用保护接零。因为,若出现中性线断开,且火线碰到电气设备的金属外壳,则有人触及设备外壳时会导致中性线不接地的单相触电事故。

(3) 保护接地要按一定的距离多处重复接地。多个接地电阻并联使总体等效接地电阻减小,出现火线碰设备外壳时,外壳对地的电压可减小很多。如果出现零线断开,则多处重复接地能保证外壳的良好接地不受影响。

(4) 在中性线接地的三相四线制系统中,由于负载通常不对称,中性线中往往有电流,中性线对地的电压不等于零,故保护接零时,外壳对地的电压不等于零。为了保证保护接零时设备外壳对地的电压为零,目前的供电系统大多采用三相五线制,即一根工作接零线和一根保护接零线,如图4.4.9所示。一根从工作接零线引出,其上接有保护接零、多处重复接地,不接负载,其中一般无电流,不接熔断器和开关,不允许断开,由于仅用于保护,故通常称为保护接零线。另一根也从工作接零线引出,也可从其中间段引出,接有负载,当负载不对称时,其中有电流。为了维修或更换用电设备的安全,工作接零线上可接开关,如图 4.4.9 中的单相负载 c,工作接零线还接有熔断器,当此单相负载出现短路故障时,有两个熔断器,快速熔断的可靠性提高。此单相负载的金属外壳接保护零线,当此负载出现故障外壳带电时,由于保护接地的作用,保证外壳对地经保护零线和工作接地系统短路,外壳对地的电压达最低,且短路电流会使故障相的熔断器快速熔断,切除电源,消除触电事故。

一般带金属外壳的家用电器(如电冰箱、洗衣机、电风扇等)都用单相电源,应有接零保护措施。如图 4.4.9 中的单相负载 c 的连接,要用三眼插头、插座连接。其中三眼插座的接法如图 4.4.10 所示。有人把工作接零线与保护接零线短接起来接到工作接零线上,这是错误的,不安全。

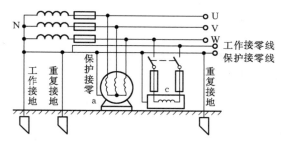

图 4.4.9 三相五线制供电系统

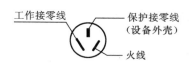

图 4.4.10 单相插座的用法

练习与思考

4.4.1 触电事故的发生有哪几种主要原因?

4.4.2 在同一供电系统中,能否同时采用保护接地与保护接零两种保护措施?为什么?

4.4.3 居民家中灯的开关为什么只控制火线?

本 章 小 结

1. 三相电源

振幅相等、频率相同、相位彼此互差 120° 的三个正弦电压源,即构成一组对称三相电源。任意时刻对称三相正弦量的三个瞬时值之和恒等于零,它们的相量之和也等于零。

三相电源有 Y 形和 △ 形两种接法。

(1) Y 形连接

线电压有效值为相电压的 $\sqrt{3}$ 倍;相位上,线电压超前于相应的相电压 30°。四线制可以提供线电压和相电压两组不同的对称三相电压,而三线制只能提供线电压。

(2) △ 形连接

线电压就是相应的相电压。由于电源三个绕组接成闭合回路,连接必须正确无误。

2. 三相负载

三相负载也有 Y 形和 △ 形两种接法。

(1) Y 形连接

① 四线制:中线阻抗一般远小于负载阻抗,中点电压接近为零。不计线路阻抗时各相负载的电压分别等于该相电源电压,因而电源线电压与相电压的关系也适合于负载。不管负载

本身对称与否,负载的电压总是对称。所以容许各种单相负载如照明、家用电器等接入其一相使用。由于容许负载不对称,故中线必须可靠连接,不得在中线上安装开关和保险器,以防发生意外。

如果负载对称,则负载相电流(即线电流)也对称,中线电流为零,可以省去中线而成为三线制。

② 三线制:负载对称时,中点电压为零,若不计线路阻抗,各相负载电压分别等于该相电源电压,因而是对称的,与四线制的情况相同;各相电流也对称,与四线制负载对称时的情况相同。

若负载不对称(如故障情况下),则将导致中点位移,使负载电压不对称,有烧毁负载的危险。

(2) △形连接

负载的相电压等于电源的线电压,因而总是对称的。如果负载(阻抗)也对称,则各相电流、各线电流也分别对称,且线电流有效值为相电流的$\sqrt{3}$倍,在相位上滞后于相应的相电流30°。

(3) 三相负载的功率

对称三相电路中,无论负载接成 Y 形还是△形,负载总有功功率

$$P = 3U_P I_P \cos\varphi_P = \sqrt{3}U_L I_L \cos\varphi_P$$

总无功功率

$$Q = 3U_P I_P \sin\varphi_P = \sqrt{3}U_L I_L \sin\varphi_P$$

视在功率

$$S = \sqrt{P^2 + Q^2} = \sqrt{3}U_L I_L$$

功率因数

$$\lambda = \frac{P}{S} = \cos\varphi_P$$

三相总瞬时功率为恒定值,且等于三相总有功功率。

3. 三相电路的计算

(1) 对称三相电路的计算

可用单相法计算,其步骤如下:

① 电源为△形连接时,代之以等效 Y 形连接;当负载有△形连接时,也等效变换成 Y 形连接。

② 若原电路无中线或中线复阻抗不为零,均虚设一复阻抗为零的中线将各中点短路。

③ 取其一相电路(一般取 U 相)画出单相图计算出结果,其他两相电压、电流即可根据对称规律写出。

④ 负载原来是△形连接的,应返回原电路求出△形负载的各相电流。

(2) 不对称 Y 形电路的计算

首先是中点电压的计算,故谓之中点电压法。分析不对称 Y 形电路常借助于位形图。位形图是电路中各点电位的相量图,图中电位的相量用复平面上的点来表示。电路中的各点在位形图上都有一个对应的点;电路中任两点间的电压相量可用位形图上相应两点间的有向线段来表示。

4. 安全用电

① 不慎接触带电体,导致电流通过人体受到不同程度的伤害称为触电,一般人体遭遇 50 Hz 的电击时,能承受的极限能量为 50 mA · s。

② 触电的形式有单相触电、双相触电及跨步触电。

③ 接地和接零。主要有工作接地、保护接地、保护接零等。

习　题　四

4.1　现有 120 只 220 V、100 W 的白炽灯泡,怎样将其接入线电压为 380 V 的三相四线制供电线路最为合理? 按照这种接法,在全部灯泡点亮的情况下,线电流和中线电流各是多少?

4.2　电路如图 4.1 所示,已知 $R_U = 10\ \Omega, R_V = 20\ \Omega, R_W = 30\ \Omega, U_L = 380$,试求:

(1) 各相电流及中线电流的大小;

(2) U 相断路时,各相负载所承受的电压和通过的电流大小;

(3) U 相和中线均断开时,各相负载的电压和电流大小;

(4) U 相负载短路,中线断开时,各相负载的电压和电流大小。

4.3　如图 4.2 所示,正常工作时电流表的读数是 26 A,电压表的读数是 380 V,三相对称电源供电,试求下列各情况下各相的电流大小:

(1) 正常工作;

(2) W 相负载断路;

(3) W 相线断路。

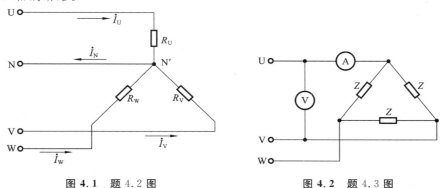

图 4.1　题 4.2 图　　　　　　　　　　图 4.2　题 4.3 图

4.4　三相对称负载作三角形连接,线电压为 380 V,线电流为 17.3 A,三相总功率为 4.5 kW,求每相负载的电阻和感抗。

4.5　三相电阻炉每相电阻 $R = 10\ \Omega$,接在额定电压 380 V 的三相对称电源上,分别求星形连接和三角形连接时,电炉从电网各吸收多少功率?

4.6　三相四线制电路中,星形负载各相阻抗分别为 $Z_U = 8 + j6\ \Omega, Z_V = 3 - j4\ \Omega, Z_W = 10\ \Omega$,电源线电压为 380 V,求各相电流及中线电流。

4.7　对称负载接成三角形,接入线电压为 380 V 的三相电源,若每相阻抗 $Z = 6 + j8\ \Omega$,求负载各相电流及各线电流。

4.8　有一对称三相负载,每相阻抗 $Z = 80 + j60\ \Omega$,电源线电压为 380 V。求当三相负载分别连接成星形和三角形时电路的有功功率和无功功率。

4.9　如图 4.3 所示三相电路,电源电压对称,且相电压有效值 $U_P = 220$ V,电灯组负载的电阻为 $R_U = 5.5$ Ω、$R_V = 22$ Ω、$R_W = 10$ Ω,电灯额定电压为 220 V。求三相电路的线电流的有效值 I_U、I_V、I_W 及中线电流的有效值 I_N。

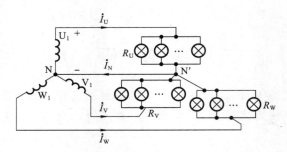

图 4.3　题 4.9 图

4.10　分析图 4.3 所示电路在下面几种故障情况下会发生什么现象:

(1) U 相断路;

(2) 中线断开;

(3) 中线断开,U 相断路。

4.11　某对称三相负载的额定电压是 380 V,每相负载阻抗 $Z = 50 + j50$ Ω,对称三相电源线电压 $U_L = 380$ V。

(1) 该三相负载应如何接入三相电源?

(2) 计算相电流 I_P 和线电流 I_L。

第5章 非正弦周期电流电路

5.1 非正弦周期信号及其频谱分析

5.1.1 非正弦周期信号

前面讨论的是正弦交流电路,电路中的电压和电流都是同频率按正弦规律变化的周期量。除此之外,在工程中还会遇到许多这样的电压和电流,它们虽然是有规律周期变化的,但不是按正弦规律变化。

电路中的周期电流、电压都可以用一个周期函数来表示,即

$$f(t) = f(t + kT) \tag{5.1.1}$$

式中,T 为周期函数的周期,$k = 0, 1, 2, \cdots$。

图 5.1.1(a)~(c)所示的分别为尖脉冲电流、矩形波电压和锯齿波电压的波形。

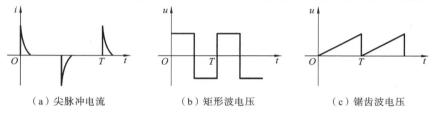

(a) 尖脉冲电流　　　　(b) 矩形波电压　　　　(c) 锯齿波电压

图 5.1.1　几种常见的非正弦波

电路中非正弦周期电压、电流的产生通常由电源和负载引起。例如,通信工程中传输的各种信号绝大部分都是周期性非正弦信号;如果电路中存在非线性元件,即使所加电源信号都是正弦信号,电路中也会产生非正弦的电压、电流。

电路中产生这种非正弦信号的主要原因有以下几种情况:

(1)电路中存在非线性元件。当电路中存在非线性元件时,即使电源提供的电压是正弦的,也会导致电路中的电流或电压为非正弦。如半波整流电路中,加在输入端的电压是正弦电压,但由于二极管是非线性元件,具有单向导电性,所以经过整流电路后输出的电压是非正弦的,称为半波整流电压,如图5.1.2所示。

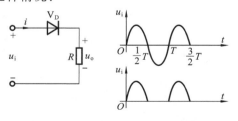

图 5.1.2　半波整流电路及输出电压

(2)电源电压本身就是非正弦的。如脉冲信号发生器提供的电压就是矩形脉冲电压,如图 5.1.3 所示。

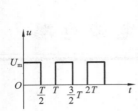

图 5.1.3 矩形脉冲电压

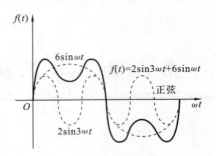

图 5.1.4 不同频率的正弦波

（3）电路中含有多个不同频率的电源共同作用。当电路中多个不同频率的电源同时作用时，由于各个电源频率不同，即使这些电源本身输出的电压都是正弦量，但重叠在一起之后波形就为非正弦的了，如图 5.1.4 所示。

5.1.2 非正弦信号的合成与分解

由图 5.1.4 可知，几个频率不同的正弦信号叠加之后所形成的为非正弦信号。同样，也可以将这个非正弦信号分解为若干个不同频率的正弦信号分量。

由数学知识可知，如果一个函数是周期性的，且满足狄里赫利条件，那么它可以展开成傅里叶级数。电气电工工程中所遇到的周期函数一般都能满足这个条件。

设周期为 T，角频率 $\omega = 2\pi/T$ 的周期性信号 $f(t)$ 满足狄里赫利条件，则 $f(t)$ 的傅里叶级数展开式为

$$
\begin{aligned}
f(t) &= A_0 + A_{1m}\sin(\omega t + \varphi_1) + A_{2m}\sin(2\omega t + \varphi_2) + \cdots \\
&= A_0 + \sum_{k=1}^{\infty} A_{km}\sin(k\omega t + \varphi_k)
\end{aligned} \tag{5.1.2}
$$

式中，$f(t)$ 为非正弦周期信号；A_0 是不随时间变化的常数，为 $f(t)$ 的恒定分量或直流分量，也称为零次谐波；$A_{1m}\sin(\omega t + \varphi_1)$ 属于正弦函数，其幅值为 A_{1m}，初相位为 φ_1，角频率为 ω，$T = 2\pi/\omega$ 是 $f(t)$ 的周期，被称为一次谐波，也叫做基波；$A_{2m}\sin(2\omega t + \varphi_2)$ 代表频率为基波频率的 2 倍，称为二次谐波；$A_{km}\sin(k\omega t + \varphi_k)$ 代表频率为基波频率的 k 倍，称为 k 次谐波。

式中，$k = 1$、3、5、7 次等谐波称为奇次谐波，$k = 2$、4、6 次等谐波称为偶次谐波。由于傅里叶级数具有收敛性，故在实际工程中常计算到 7 次谐波左右就可以了。

利用三角函数公式，还可以把式（5.1.2）写成另一种形式：

$$
\begin{aligned}
f(t) &= a_0 + (a_1\cos\omega t + b_1\sin\omega t) + (a_2\cos2\omega t + b_2\sin2\omega t) \\
&\quad + \cdots + (a_k\cos k\omega t + b_k\sin k\omega t) + \cdots \\
&= a_0 + \sum_{k=1}^{\infty} (a_k\cos k\omega t + b_k\sin k\omega t)
\end{aligned} \tag{5.1.3}
$$

式中，a_0、a_k、b_k 称为傅里叶系数。

$$
\begin{cases}
a_0 = \dfrac{1}{T}\displaystyle\int_0^T f(t)\,\mathrm{d}t = \dfrac{1}{2\pi}\displaystyle\int_0^{2\pi} f(t)\,\mathrm{d}\omega t \\[2mm]
a_k = \dfrac{2}{T}\displaystyle\int_0^T f(t)\cos k\omega t\,\mathrm{d}t = \dfrac{1}{\pi}\displaystyle\int_0^{2\pi} f(t)\cos k\omega t\,\mathrm{d}\omega t \\[2mm]
b_k = \dfrac{2}{T}\displaystyle\int_0^T f(t)\sin k\omega t\,\mathrm{d}t = \dfrac{1}{\pi}\displaystyle\int_0^{2\pi} f(t)\sin k\omega t\,\mathrm{d}\omega t
\end{cases} \tag{5.1.4}
$$

式(5.1.2)和式(5.1.3)各系数之间存在如下关系：

$$a_k = A_{km}\sin\varphi_k \tag{5.1.5}$$

$$b_k = A_{km}\cos\varphi_k \tag{5.1.6}$$

在实际工程中,可以通过表 5.1.1 直接写出几种常见的信号的傅里叶级数形式。

表 5.1.1　几种常见信号的傅里叶级数展开式

波　　形	傅里叶级数展开式	有效值	平均值
 正弦波	$f(t) = A_m\sin\omega t$	$\dfrac{A_m}{\sqrt{2}}$	$\dfrac{2A_m}{\pi}$
 方波	$f(t) = \dfrac{4A_m}{\pi}\left(\sin\omega t + \dfrac{1}{3}\sin3\omega t + \dfrac{1}{5}\sin5\omega t + \cdots + \dfrac{1}{k}\sin k\omega t + \cdots\right)$ $k = 1,3,5,\cdots$	A_m	A_m
 锯齿波	$f(t) = \dfrac{A_m}{2} - \dfrac{A_m}{\pi}\left(\sin\omega t + \dfrac{1}{2}\sin2\omega t + \dfrac{1}{3}\sin3\omega t + \cdots + \dfrac{1}{k}\sin k\omega t + \cdots\right)$ $k = 1,2,3,4,\cdots$	$\dfrac{A_m}{\sqrt{3}}$	$\dfrac{A_m}{2}$
 半波整流	$f(t) = \dfrac{2A_m}{\pi}\left(\dfrac{1}{2} + \dfrac{\pi}{2}\cos\omega t + \dfrac{1}{3}\cos2\omega t - \dfrac{1}{15}\cos4\omega t + \cdots - \dfrac{\cos\left(\dfrac{k\pi}{2}\right)}{k^2-1}\cos k\omega t + \cdots\right)$ $k = 2,4,6,\cdots$	$\dfrac{A_m}{2}$	$\dfrac{A_m}{\pi}$
 全波整流	$f(t) = \dfrac{4A_m}{\pi}\left(\dfrac{1}{2} + \dfrac{1}{3}\cos2\omega t - \dfrac{1}{15}\cos4\omega t + \cdots - \dfrac{\cos\left(\dfrac{k\pi}{2}\right)}{k^2-1}\cos k\omega t + \cdots\right]$ $k = 2,4,6,\cdots$	$\dfrac{A_m}{\sqrt{2}}$	$\dfrac{2A_m}{\pi}$

续表

波　形	傅里叶级数展开式	有效值	平均值
$f(t)$ 三角波	$f(t)=\dfrac{8A_\mathrm{m}}{\pi^2}\Big(\sin\omega t-\dfrac{1}{9}\sin3\omega t+\dfrac{1}{25}\sin5\omega t+\cdots$ $+\dfrac{(-1)^{\frac{k-1}{2}}}{k^2}\cos k\omega t+\cdots\Big)$ $k=1,3,5,\cdots$	$\dfrac{A_\mathrm{m}}{\sqrt3}$	$\dfrac{A_\mathrm{m}}{2}$
$f(t)$ 梯形波	$f(t)=\dfrac{4A_\mathrm{m}}{\omega t_0\pi}\Big(\sin\omega t_0\,\sin\omega t+\dfrac{1}{9}\sin3\omega t_0\ \sin3\omega t$ $+\dfrac{1}{25}\sin5\omega t_0\sin5\omega t+\cdots$ $+\dfrac{1}{k^2}\sin k\omega t_0\sin k\omega t+\cdots\Big)$ $k=1,3,5,\cdots$	$A_\mathrm{m}\sqrt{1-\dfrac{4\omega t_0}{3\pi}}$	$A_\mathrm{m}\Big(1-\dfrac{\omega t_0}{\pi}\Big)$
$f(t)$ 脉冲波	$f(t)=\dfrac{\tau A_\mathrm{m}}{T}+\dfrac{2A_\mathrm{m}}{\pi}\Big[\sin\Big(\omega\,\dfrac{\tau}{2}\Big)\cos\omega t$ $+\dfrac{\sin\Big(2\omega\,\dfrac{\tau}{2}\Big)}{2}\cos2\omega t+\cdots$ $+\dfrac{\sin\Big(k\omega\,\dfrac{\tau}{2}\Big)}{k}\cos k\omega t+\cdots\Big]$ $k=1,2,3,\cdots$	$A_\mathrm{m}\sqrt{\dfrac{\tau}{T}}$	$A_\mathrm{m}\dfrac{\tau}{T}$

【例 5.1.1】　已知矩形周期电压的波形如图 5.1.5所示。求 $u(t)$ 的傅里叶级数。

解　在一个周期内的表示式为

$$u_t(t)=\begin{cases}U_\mathrm{m},&0\leqslant t\leqslant\dfrac{T}{2}\\[2mm]-U_\mathrm{m},&\dfrac{T}{2}<t<T\end{cases}$$

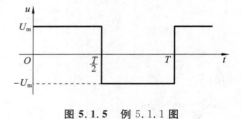

图 5.1.5　例 5.1.1 图

由式(5.1.4)可知

$$a_0=\frac{1}{2\pi}\int_0^{2\pi}u(t)\mathrm{d}\omega t=\frac{1}{2\pi}\Big(\int_0^\pi U_\mathrm{m}\mathrm{d}\omega t+\int_\pi^{2\pi}-U_\mathrm{m}\mathrm{d}\omega t\Big)=0$$

$$a_k=\frac{1}{\pi}\int_0^{2\pi}u(t)\cos k\omega t\,\mathrm{d}\omega t$$

$$=\frac{1}{\pi}\int_0^{2\pi}U_\mathrm{m}\cos k\omega t\,\mathrm{d}\omega t+\frac{1}{\pi}\int_\pi^{2\pi}-U_\mathrm{m}\cos k\omega t\,\mathrm{d}\omega t$$

$$=\frac{U_\mathrm{m}}{k\pi}[\sin k\omega t]\Big|_0^\pi-\frac{U_\mathrm{m}}{k\pi}[\sin k\omega t]\Big|_\pi^{2\pi}=0$$

$$b_k=\frac{1}{\pi}\int_0^{2\pi}u(t)\sin k\omega t\,\mathrm{d}\omega t$$

$$= \frac{1}{\pi}\left(\int_0^\pi U_\mathrm{m}\sin k\omega t\,\mathrm{d}\omega t + \int_\pi^{2\pi} -U_\mathrm{m}\sin k\omega t\,\mathrm{d}\omega t\right)$$

$$= \frac{2U_\mathrm{m}}{\pi}\int_0^\pi \sin k\omega t\,\mathrm{d}\omega t = \frac{2U_\mathrm{m}}{k\pi}(-\cos k\omega t)\Big|_0^\pi$$

$$= \frac{2U_\mathrm{m}}{k\pi}(1-\cos k\pi)$$

当 k 为奇数时，$\qquad\qquad\cos k\pi = -1, \quad b_k = \dfrac{4U_\mathrm{m}}{k\pi}$

当 k 为偶数时，$\qquad\qquad\cos k\pi = 1, \quad b_k = 0$

由此可得

$$u(t) = \frac{4U_\mathrm{m}}{\pi}\left(\sin\omega t + \frac{1}{3}\sin 3\omega t + \frac{1}{5}\sin 5\omega t + \cdots + \frac{1}{k}\sin k\omega t\right) \quad (k\ \text{为奇数})$$

5.1.3　非正弦周期信号的频谱

一个非正弦周期性函数展开成傅里叶级数如式(5.1.2)所示。但这种数学表达式却不能直观地表示出一个非正弦周期信号所包含的频率分量和各个分量的比重，因此为了更加详尽和直观地观测到频率分量和各个分量的"比重"，故采用了频谱图分析方法。

在一个直角坐标中，以相应的谐波角频率 $k\omega$ 为横坐标，在各谐波角频率所对应的点上，作出一条条垂直的线（称为谱线），线段长度由展开式中直流分量和各次谐波分量的幅值而定。图 5.1.6 所示为锯齿波频谱图。

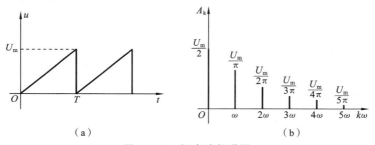

图 5.1.6　锯齿波频谱图

练习与思考

5.1.1　求图 5.1.7 波形的傅里叶级数。

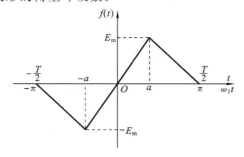

图 5.1.7　题 5.1.1 图

5.1.2　试将图 5.1.8 中所列波形分解为傅里叶级数。

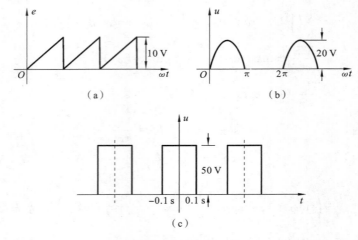

图 5.1.8　题 5.1.2 图

5.2　非正弦周期信号的有效值、平均值和功率

5.2.1　非正弦周期信号的有效值

与正弦信号相同,周期性非正弦信号的大小也可以用有效值来表示。

任一非正弦周期电流的有效值为

$$I = \sqrt{\frac{1}{T}\int_0^T i^2\,\mathrm{d}t} \tag{5.2.1}$$

将其展成傅里叶级数的形式

$$i = I_0 + I_{1m}\sin(\omega t + \varphi_1) + I_{2m}\sin(2\omega t + \varphi_{2m}) + \cdots + I_{km}\sin(k\omega t + \varphi_k)$$
$$= I_0 + \sum_{k=1}^{\infty} I_{km}\sin(k\omega t + \varphi_k)$$

将该表达式代入到式(5.2.1)中,得

$$I = \sqrt{\frac{1}{T}\int_0^T \left[I_0 + \sum_{k=1}^{\infty} I_{km}\sin(k\omega t + \varphi_k) \right]^2 \mathrm{d}t}$$

将上式积分号内直流分量与各次谐波之和的平方展开,可以得到以下四种结果:

(1) $\dfrac{1}{T}\displaystyle\int_0^T I_0^2\,\mathrm{d}t = I_0^2$

(2) $\dfrac{1}{T}\displaystyle\int_0^T I_{km}^2\sin^2(k\omega t + \varphi_k)\,\mathrm{d}t = \dfrac{I_{km}^2}{2} = I_k^2$

(3) $\dfrac{1}{T}\displaystyle\int_0^T 2I_0 I_{km}\sin(k\omega t + \varphi_k)\,\mathrm{d}t = 0$

(4) $\dfrac{1}{T}\displaystyle\int_0^T 2I_{km}\sin(k\omega t + \varphi_k)I_{qm}\sin(q\omega t + \varphi_q)\,\mathrm{d}t = 0 \quad (k \neq q)$

因此,可以得到电流 i 的有效值计算公式为

$$I = \sqrt{I_0^2 + \sum_{k=1}^{\infty} I_k^2} = \sqrt{I_0^2 + I_1^2 + I_2^2 + \cdots + I_k^2 + \cdots} \tag{5.2.2}$$

同理,非正弦周期电压的有效值为

$$U = \sqrt{U_0^2 + \sum_{k=1}^{\infty} U_k^2} = \sqrt{U_0^2 + U_1^2 + U_2^2 + \cdots + U_k^2 + \cdots} \tag{5.2.3}$$

式(5.2.2)和式(5.2.3)表明,任一非正弦周期信号的有效值等于各次谐波分量的有效值平方和的平方根值。

应当注意,非正弦信号的最大值和有效值之间不再存在 $\sqrt{2}$ 倍的关系,但对于各次谐波而言,最大值和有效值之间仍然存在 $\sqrt{2}$ 的关系,即

$$I_k = \frac{I_{km}}{\sqrt{2}}, \quad U_k = \frac{U_{km}}{\sqrt{2}}$$

【例 5.2.1】　已知非正弦周期电压 $u = [100 + 70.7\sin(\omega t - 20°) + 42\sin(2\omega t + 50°)]$ V,试求其有效值。

解　给定电压中包括直流分量和不同频率的正弦量,并且已知各正弦量的振幅,所以周期电压的有效值由式(5.2.3)可知

$$U_0 = 100 \text{ V}, \quad U_1 = \frac{70.7}{\sqrt{2}} \text{ V} = 50 \text{ V}, \quad U_2 = \frac{42}{\sqrt{2}} \text{ V} = 30 \text{ V}$$

$$U = \sqrt{U_0^1 + U_1^2 + U_2^2} = \sqrt{100^2 + 50^2 + 30^2} \text{ V} = 116 \text{ V}$$

5.2.2　非正弦周期信号的平均值

在实际工程中常用平均值这个概念来分析周期量的大小。以非正弦周期电流 i 为例,其平均值为

$$I_{av} = \frac{1}{T} \int_0^T |i| \, dt \tag{5.2.4}$$

即非正弦周期电流的平均值等于该电流绝对值在一个周期内的平均值。

同理,非正弦周期电压平均值的表示式为

$$U_{av} = \frac{1}{T} \int_0^T |u| \, dt \tag{5.2.5}$$

【例 5.2.2】　求正弦电流 $i = I_m \sin\omega t$ 的平均值。

解　将 i 代入到式(5.2.4)中,得

$$I_{av} = \frac{1}{T} \int_0^T |I_m \sin\omega t| \, dt = \frac{2}{T} \int_0^{\frac{T}{2}} I_m \sin\omega t \, dt = \frac{2I_m}{\pi} = 0.637 I_m = 0.898 I$$

5.2.3　平均功率

设任意一个二端网络在关联参考方向下其端电压和端电流分别为 u, i,则其瞬时功率为

$$p = ui$$

其平均功率可表示为瞬时功率在一个周期内的平均值

$$p = \frac{1}{T} \int_0^T p \, dt = \frac{1}{T} \int_0^T ui \, dt \tag{5.2.6}$$

设非正弦周期电压和电流的傅里叶级数为

$$u = U_0 + \sum_{k=1}^{\infty} U_{km} \sin(k\omega t + \varphi_{ku})$$

$$i = I_0 + \sum_{k=1}^{\infty} I_{km} \sin(k\omega t + \varphi_{ki})$$

将其代入到式(5.2.6)中,得平均功率为

$$P = \frac{1}{T}\int_0^T \left[U_0 + \sum_{k=1}^{\infty} U_{km}\sin(k\omega t + \varphi_{ku})\right]\left[I_0 + \sum_{k=1}^{\infty} I_{km}\sin(k\omega t + \varphi_{ki})\right]\mathrm{d}t$$

将上式被积分部分展开,可得

$$P = U_0 I_0 + \sum_{k=1}^{\infty} U_k I_k \cos\varphi_k = P_0 + \sum_{k=1}^{\infty} P_k$$

$$= P_0 + P_1 + P_2 + \cdots + P_k + \cdots \qquad (5.2.7)$$

式中,φ_k 为 k 次谐波电压与 k 次谐波电流的相位差。

必须注意,只有同频率的谐波电压和电流才能构成平均功率,不同频率的谐波电压和电流不能构成平均功率,也不等于端口电压的有效值与端口电流有效值的乘积。

【例 5.2.3】　已知某无源二端网络的端电压及电流分别为

$$u = [50 + 84.6\sin(\omega t + 30°) + 56.6\sin(2\omega t + 10°)]\ \mathrm{V}$$

$$i = [1 + 0.707\sin(\omega t - 20°) + 0.424\sin(2\omega t + 50°)]\ \mathrm{A}$$

求二端网络吸收的平均功率。

解　根据式(5.2.7)可得

$$P = \left[50 \times 1 + \frac{84.6}{\sqrt{2}} \times \frac{0.707}{\sqrt{2}}\cos(30° + 20°) + \frac{56.6}{\sqrt{2}} \times \frac{0.424}{\sqrt{2}}\cos(10° - 50°)\right]\ \mathrm{W}$$

$$= [50 + 30\cos50° + 12\cos(-40°)]\ \mathrm{W}$$

$$= 78.5\ \mathrm{W}$$

练习与思考

5.2.1　一个 RLC 串联电路,其 $R = 11\ \Omega$,$L = 0.015\ \mathrm{H}$,$C = 70\ \mu\mathrm{F}$。如外加电压为 $u(t) = (11 + 141.4\cos1000t - 35.4\sin2000t)$ (V),试求电路中的电流和电路消耗的功率。

5.2.2　如图 5.2.1 所示,电源电压为 $u_S(t) = [50 + 100\sin314t - 40\cos628 + 10\sin(942t + 20°)]$(V),试求电流 $I(t)$ 和电源发出的功率及电源电压和电流的有效值。

5.2.3　电路如图 5.2.2 所示,已知 $u = (200 + 100\sqrt{2}\cos3\omega t)$ (V),$R = 20\ \Omega$,$\omega L = 5\ \Omega$,$\dfrac{1}{\omega C} = 45\ \Omega$,则图中电流表和电压表的读数分别是多少?

5.2.4　电路如图 5.2.3 所示,已知 $i_S = (2 + 4\cos10t)$ (A),求 10 Ω 电阻消耗的功率。

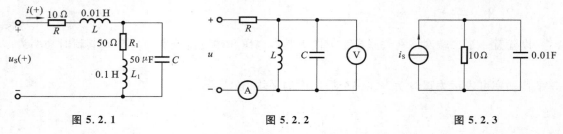

图 5.2.1　　　　　　　　图 5.2.2　　　　　　　　图 5.2.3

5.2.5　有效值为 100 V 的正弦电压加在电感 L 两端时,得电流 $I = 10$ A,当电压中有 3 次谐波分量,而有效值仍为 100 V 时,得电流 $I = 8$ A,求这一电压的基波和 3 次谐波的有效值。

5.3　非正弦周期电路的计算

把傅里叶级数、直流电路、交流电路的分析和计算方法，以及叠加定理应用于非正弦周期电路中，就可以对其电路进行分析和计算。其具体步骤如下。

（1）把给定的非正弦输入信号分解成直流分量和各次谐波分量，并根据精度的具体要求取前几项，一般取 5 次或 7 次谐波就可以保证足够的准确度。

（2）分别计算各次谐波分量单独作用于电路时的电压和电流。但要注意电容和电感对各次谐波表现出来的感抗和容抗的不同，对于 k 次谐波有 $X_{kL}=k\omega L$，$X_{kC}=\dfrac{1}{k\omega C}$。

（3）应用线性电路的叠加定理，将各次谐波作用下的电压或电流的瞬时值进行叠加。应注意的是，由于各次谐波的频率不同，不能用相量形式进行叠加。

【例 5.3.1】　某电压 $u=[40+180\sin\omega t+60\sin(3\omega t+45°)]$（V）接于 RLC 串联电路，已知 $R=10\ \Omega$，$L=0.05\ \mathrm{H}$，$C=50\ \mu\mathrm{F}$，$\omega=314\ \mathrm{rad/s}$。求电路中的电流 i。

解　由于非正弦周期电压 u 的傅里叶级数展开式是已知的，可直接求 U_0、u_1、u_3 单独作用于电路时的 I_0、i_1、i_3。

直流分量 $U_0=40\ \mathrm{V}$ 单独作用时，由于电容相当于开路，所以

$$I_0=0\ \mathrm{A}$$

基波 $u_1=180\sin\omega t$（V）单独作用时，因为

$$\dot{U}_{1m}=180\angle 0°\ \mathrm{V}$$

则
$$Z_1=R+\mathrm{j}\left(\omega L-\frac{1}{\omega C}\right)=\left[10+\mathrm{j}\left(314\times 0.05-\frac{1}{314\times 50\times 10^{-6}}\right)\right]\ \Omega$$
$$=49\angle(-78.2°)\ \Omega$$

所以有
$$\dot{I}_{1m}=\frac{\dot{U}_{1m}}{Z_1}=\frac{180\angle 0°}{49\angle(-78.2°)}\ \mathrm{A}=3.67\angle 78.2°\ \mathrm{A}$$

三次谐波 $u_3=60\sin(3\omega t+45°)$（V）单独作用于电路时，因为

$$\dot{U}_{3m}=60\angle 45°\ \mathrm{V}$$

则
$$Z_3=R+\mathrm{j}\left(3\omega L-\frac{1}{3\omega C}\right)=\left[10+\mathrm{j}\left(3\times 314\times 0.05-\frac{1}{3\times 314\times 50\times 10^{-6}}\right)\right]\ \Omega$$
$$=27.7\angle 68.9°\ \Omega$$

所以有
$$\dot{I}_{3m}=\frac{\dot{U}_{3m}}{Z_3}=\frac{60\angle 45°}{27.7\angle 68.9°}\ \mathrm{A}=2.17\angle(-23.9°)\ \mathrm{A}$$

根据叠加定理，求出总电流。因为

$$I_0=0\ \mathrm{A},\quad i_1=3.67\sin(\omega t+78.2°)\ (\mathrm{A}),\quad i_3=2.17\sin(3\omega t-23.9°)\ (\mathrm{A})$$

所以
$$i=[3.67\sin(\omega t+78.2°)+2.17\sin(3\omega t-23.9°)]\ (\mathrm{A})$$

【例 5.3.2】　为了减小整流器输出电压的纹波，使其更接近直流。常在整流的输出端与负载电阻 R 间接有 LC 滤波器，其电路如图 5.3.1(a)所示。若已知 $R=1\ \mathrm{k}\Omega$，$L=5\ \mathrm{H}$，$C=30$ $\mu\mathrm{F}$，输入电压 u 的波形如图 5.3.1(b)所示，其中振幅 $U_m=157\ \mathrm{V}$，基波角频率 $\omega=314\ \mathrm{rad/s}$，求输出电压 u_R。

解　查表 5.1.1，可得电压 u 的傅里叶级数为

$$u=\frac{4U_m}{\pi}\left(\frac{1}{2}+\frac{1}{3}\cos 2\omega t-\frac{1}{15}\cos 4\omega t+\cdots\right)$$

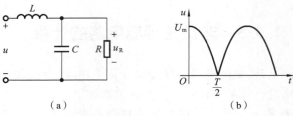

图 5.3.1　例 5.3.2 图

取到四次谐波,并代入 $U_m = 157$ V,得

$$u = 100 + 66.7\cos 2\omega t - 13.34\cos 4\omega t \text{ (V)}$$

(1) 求直流分量。对于直流分量,电感相当于短路,电容相当于开路,故

$$U_{0R} = 100 \text{ V}$$

(2) 求二次谐波分量。

$$Z_2 = \mathrm{j}2\omega L + \frac{R\left(-\mathrm{j}\dfrac{1}{2\omega C}\right)}{R - \mathrm{j}\dfrac{1}{2\omega C}} = (\mathrm{j}3140 + 53\angle(-87°))\ \Omega = 3087.1\angle 89.95°\ \Omega$$

$$\dot{U}_{2mR} = \frac{\dot{U}_{2m}}{Z_2} \times \frac{R\left(-\mathrm{j}\dfrac{1}{2\omega C}\right)}{R - \mathrm{j}\dfrac{1}{2\omega C}} = 1.15\angle(-87.5°)\ \text{V}$$

$$u_{2R} = 1.15\sin(2\omega t - 87.5°)\ \text{(V)}$$

(3) 求四次谐波分量。

$$Z_4 = \mathrm{j}4\omega L + \frac{R\left(-\mathrm{j}\dfrac{1}{4\omega C}\right)}{R - \mathrm{j}\dfrac{1}{4\omega C}} = (\mathrm{j}6280 + 26.5\angle(-88.5°))\ \Omega = 6253.5\angle 90°\ \Omega$$

$$\dot{U}_{4mR} = \frac{\dot{U}_{4m}}{Z_4} \times \frac{R\left(-\mathrm{j}\dfrac{1}{4\omega C}\right)}{R - \mathrm{j}\dfrac{1}{4\omega C}} = 0.056\angle 91.5°\ \text{V}$$

$$u_{4R} = 0.056\sin(4\omega t + 91.5°)\ \text{(V)}$$

(4) 输出电压为

$$u_R = [100 + 1.15\sin(2\omega t - 87.5°) + 0.056\sin(4\omega t + 91.5°)]\ \text{(V)}$$

比较本例题的输入电压和输出电压,可看到,二次谐波分量由原本占直流分量的 66.7% 减小到 1.15%,四次谐波分量由原本占直流分量的 13.34% 减小到 0.056%。因此,输入电压 u 经过 LC 滤波后,高次谐波分量受到抑制,负载两端得到较平稳的输出电压。

练习与思考

5.3.1　电路如图 5.3.2 所示,已知 $u_S(t) = [100\cos\omega t + 50\cos(3\omega t + 30°)]$ (V),$i(t) = [10\cos\omega t + \cos(3\omega t - \varphi_3)]$ (A),$\omega = 100\pi$ rad/s。求 R、L、C 的值和电路消耗的功率。

5.3.2　对图 5.3.2 所示电路,如果 $u_S(t) = (40\cos 2t + 40\cos 4t)$ (V),$i(t) = [10\cos 2t + 8\cos(4t - \varphi)]$ (A)。求:(1) R、L、C 值;(2) φ 值;(3) 电源提供的功率 P。

5.3.3　电路如图 5.3.3 所示,已知 $i_S(t) = (10 + 2\cos 3\omega_1 t)$ (A),$\omega_1 L = 3$ Ω,$\dfrac{1}{\omega_1 C} = 27$ Ω。

求：(1) $u(t)$ 及其有效值 U；(2) 与电源连接的单口网络吸收的平均功率 P。

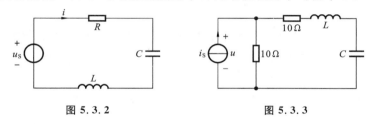

图 5.3.2　　　　　　　　　　　图 5.3.3

5.3.4　　电路如图 5.3.4 所示，已知 $u_{S1}(t) = 8\sqrt{2}\sin(50t + 30°)$ (V)，$u_{S2}(t) = 6\sqrt{2}\sin100t$ (V)，$L = 0.01$ H，$C = 0.02$ F，电流表内阻为零。求电流表的读数。

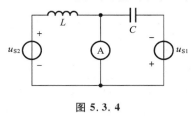

图 5.3.4

本 章 小 结

1．非正弦周期信号的表示

(1) 傅里叶级数表达式

① 傅里叶级数的两种形式。

周期函数(信号)只要满足狄里赫尔条件，都可以展开成一个无穷的、收敛的三角级数，即傅里叶级数。电工技术中所遇到的周期信号都满足狄里赫尔条件。傅里叶级数一般可表示为

$$f(t) = A_0 + \sum_{k=1}^{\infty} A_{km}\sin(k\omega t + \varphi_k)$$

或

$$f(t) = A_0 + \sum_{k=1}^{\infty} (a_k\cos k\omega t + b_k\sin k\omega t)$$

两种形式系数间的关系为

$$A_k = \sqrt{a_k^2 + b_k^2}$$

$$\varphi_k = \arctan\frac{a_k}{b_k}$$

② 波形对称性与其傅里叶级数所含谐波成分的关系。

奇函数的傅里叶级数都只含有正弦分量；偶函数的傅里叶级数都只含有余弦分量，或者还含有恒定分量。恰当地选择计时起点，可以使某些波形成为奇函数或偶函数。

镜像对称的波形，其傅里叶级数都只含有奇次谐波分量，称为奇谐波函数。

(2) 频谱

振幅频谱是在以频率(角频率)为横坐标、振幅为纵坐标的直角坐标平面上绘出的一族竖直线段(即谱线)，其中每条谱线的高按一定比例代表某次谐波的振幅，而谱线所在位置的横坐标则是该次谐波的频率。若频谱中谱线的高代表各次谐波的初相，则是相位频谱。周期信号的频谱是收敛的等间隔(间隔为基波角频率 ω)的离散频谱。

（3）有效值和平均值

① 有效值。

非正弦周期量的有效值等于其恒定分量及各次谐波有效值的平方和的算术平方根。若 i 为非正弦周期电流，则 i 的有效值

$$I = \sqrt{I_0^2 + I_1^2 + I_2^2 + \cdots + I_k^2 + \cdots}$$

式中，I_0 为 i 的恒定分量；$I_1, I_2, \cdots, I_k, \cdots$ 分别为各次谐波的有效值。

② 平均值。

电工学中周期量的平均值是指周期量的绝对值在一个周期内的平均值，如周期电流 i 的平均值

$$I_{av} = \frac{1}{T} \int_0^T |i| \, dt$$

2. 非正弦周期电流电路的计算

（1）谐波分析法的步骤及注意事项

① 把给定的非正弦周期激励（电压或电流）分解成傅里叶级数。

② 分别求出恒定分量和各谐波分量单独作用时电路的稳态响应。恒定分量单独作用时电路为直流电路；各频率的谐波分量单独作用时，电路即为该频率的正弦交流电路，可以用相量法进行计算，但需注意：电路对不同频率的谐波分量表现的复阻抗是不相同的。

③ 把步骤②中算出的结果叠加。注意，不同频率的相量直接相加是没有意义的，因此，对步骤②中算出的各频率响应分量的相量，应分别表示成相应频率的正弦量，然后再叠加。

（2）功率

非正弦周期电流电路的平均功率等于基波及各次谐波单独作用于电路的平均功率之和，即

$$P = U_0 I_0 + \sum_{k=1}^{\infty} U_k I_k \cos\varphi_k = P_0 + \sum_{k=1}^{\infty} P_k$$

式中，$P_0 = U_0 I_0$、$P_k = U_k I_k \cos\varphi_k$ 分别为基波和 k 次谐波单独作用于电路时的平均功率。

习　题　五

5.1　求图 5.1 所示波形的傅里叶级数。

5.2　若矩形波的电流在 $\frac{1}{4}$ 周期内 $I_m = 10$ A，求其有效值。

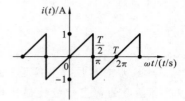

图 5.1　题 5.1 图

5.3　电路如图 5.2 所示，已知 $i_L(t) = (2 + 8\sin\omega t)$ （A），$R = 10$ Ω，$\omega L = 5$ Ω，$\frac{1}{\omega C} = 10$ Ω，求 $u(t)$。

5.4　电路如图 5.3 所示，已知 $u_S = \left(18\sqrt{2}\cos\frac{t}{12} + 9\sqrt{2}\cos\frac{t}{6}\right)$ （V），求 i_L。

5.5　电路如图 5.4 所示，已知 $u_S(t) = (100 + 180\sin\omega_1 t + 50\cos 2\omega_1 t)$ （V），$\omega_1 L_1 = 90$ Ω，$\omega_2 L_2 = 30$ Ω，$\frac{1}{\omega_1 C} = 120$ Ω。求 $u_R(t)$、$u(t)$、$i_1(t)$ 和 $i_2(t)$。

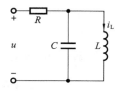
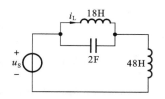

图 5.2　题 5.3 图　　　　　　　　　图 5.3　题 5.4 图

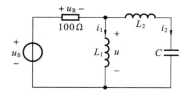
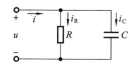

图 5.4　题 5.5 图　　　　　　　　　图 5.5　题 5.7 图

5.6　已知某二端网络的电压 $u=[50+60\sqrt{2}\sin(\omega t+30°)+40\sqrt{2}\sin(2\omega t+10°)]$（V），$i=[1+0.5\sqrt{2}\sin(\omega t-20°)+0.3\sqrt{2}\sin(2\omega t+50°)]$（A），求二端网络的平均功率。

5.7　图 5.5 所示电路中，作用于电路两端的电压为

$$u=[50+100\sqrt{2}\sin\omega t+50\sqrt{2}\sin(2\omega t+30°)]\text{（V）}$$

已知电阻 $R=100\ \Omega$，电容 $C=20\ \mu F$，角频率 $\omega=500\ \text{rad/s}$，求各支路电流和电路的有功功率。

5.8　RLC 并联电路中，$R=\omega L=\dfrac{1}{\omega C}=10\ \Omega$，电压 $u=(220\sin\omega t+90\sin 3\omega t+50\sin 5\omega t)$（V），求 R、L、C 支路中的电流。

第6章 磁路与变压器电路

6.1 磁场的基本物理量与铁磁材料

6.1.1 磁场的基本知识

我国是世界上最早发现并且应用磁现象的国家之一,早在战国时期人们就已经发现了磁铁矿石能够吸引铁片的现象。我们把具有吸引铁、镍、钴等物质的性质叫做磁性,又把具有磁性的物体称为磁体。

通过研究发现,磁体之间的相互作用力是通过磁体周围产生的磁场进行的,磁场不仅对处于其中的别的磁体或载流导体有力的作用,同时磁场本身也具有能量,称之为磁场能。

我们将小磁针放在磁场中任意一个位置让它可以自由转动时,它总是因为疏导磁力作用转动到一定的方向上而静止,这说明磁场在每一点都有确定的方向。因此,我们规定小磁针停止转动后,它的 N 极所指的方向就是该点的磁场方向。

在研究磁场时,常引用磁力线来形象地描绘磁场的特性,磁力线上各点切线的方向表示该点的磁场方向;而磁力线的疏密程度则表示该点磁场的强弱。磁力线都是连续、闭合的曲线。

在试验中还发现,除了磁铁能产生磁场外,电流也可以产生磁场。通电直导线磁场的磁力线是以导线上各点为圆心的同心圆,这些同心圆都在和导线垂直的平面上;而通电线圈产生的磁场和条形磁铁一样,也存在两个磁极。电流产生的磁场的方向和电流的关系可以用右手螺旋定则来确定。

6.1.2 磁场的基本物理量

1. 磁感应强度

磁感应强度是描述磁场内某点磁场强弱的物理量,用字符 B 表示。试验证明,在磁场中的某一点放一段长为 l、电流为 I,并与磁场方向垂直的通电导体,如图6.1.1所示,此时该导体受到的磁场力最大,为

$$F = BlI \qquad (6.1.1)$$

因此有

$$B = \frac{F}{lI} \qquad (6.1.2)$$

在国际单位制中,磁感应强度 B 的单位是特斯拉,简称特(T)。在工程上,还使用高斯(Gs)作为 B 的单位,两者之间的换算关系为

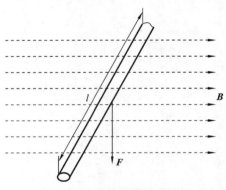

图 6.1.1 磁场中的通电导体

$$1 \text{ Gs} = 10^{-4} \text{ T}$$

磁感应强度是矢量,不仅有大小而且有方向,它的方向即为磁场的方向。磁场强度的大小和方向都相同的磁场称为匀强磁场。

2. 磁通

磁通是反映磁场中某个面上磁场情况的物理量,用字符 Φ 表示。我们把穿过磁场并垂直于某一面积 S 的磁力线条数称为该面积的磁通,可用下面这个式子表示:

$$\Phi = \int_S B \, \mathrm{d}S \qquad (6.1.3)$$

在匀强磁场中,若磁感应强度的方向与面积 S 相互垂直,如图 6.1.2(a)所示,则磁通 Φ 为

$$\Phi = BS \qquad (6.1.4)$$

或者

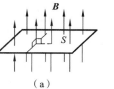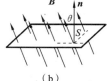

图 6.1.2　磁通的几种情况

$$B = \frac{\Phi}{S} \qquad (6.1.5)$$

如果两者不垂直,面积 S 的法线 $\boldsymbol{n}$ 的方向与 $\boldsymbol{B}$ 的方向夹角为 θ,如图 6.1.2(b)所示,则磁通为

$$\Phi = B_n S = BS\cos\theta \qquad (6.1.6)$$

或者

$$B = \frac{\Phi}{S\cos\theta} \qquad (6.1.7)$$

在国际单位制中,磁通 Φ 的单位是韦伯,简称韦(Wb)。在工程上还使用麦克斯韦(Mx)作为 Φ 的单位,两者之间的换算关系是

$$1 \text{ Mx} = 10^{-8} \text{ Wb}$$

由式(6.1.7)可以看出,磁感应强度在数值上等于与磁场方向相垂直的单位面积通过的磁通,因此磁感应强度又称为磁通密度。那么二者存在如下关系:

$$1 \text{ T} = 1 \text{ Wb/m}^2$$

由于磁力线是连续、闭合的曲线,对磁场中的任意一个闭合面来说,穿入这个面的磁力线的根数等于从该闭合面穿出的磁力线的根数,这就是磁通连续性原理。这一原理可表示为

$$\oint_S B_n \, \mathrm{d}S = 0 \qquad (6.1.8)$$

3. 磁导率

实验证明,磁场的强弱除了与电流的大小、导体的形状和位置有关外,还和周围空间的介质有关。我们用磁导率来表示介质对磁场的影响。磁导率也叫磁导系数,用字符 μ 表示。在国际单位制中,μ 的单位是亨/米(H/m)。

不同的介质有不同的磁导率。磁导率大的磁介质导磁性能好,磁导率小的磁介质导磁性能差。由实验可测得真空的磁导率

$$\mu_0 = 4\pi \times 10^{-7} \text{ H/m}$$

为了方便,我们把其他介质的磁导率采用与 μ_0 的比值来表示,这个比值称为磁介质的相对磁导率,用字符 μ_r 来表示,即

$$\mu_r = \frac{\mu}{\mu_0} \qquad (6.1.9)$$

显然，μ_r 没有单位，它表示在其他条件相同的情况下，介质中的磁感应强度是真空中的几倍。

根据相对磁导率的大小可以把物质分成非磁性物质和铁磁性材料两大类。非磁性物质的相对磁导率近似为1，如铜、铝、木材、橡胶和空气等。而铁磁性材料的相对磁导率可达到几百甚至几千，如铸铁、硅钢和锰锌铁氧体等。

表 6.1.1 给出了几种常用铁磁材料的相对磁导率。

表 6.1.1　常用铁磁材料的相对磁导率

材 料 名 称	μ_r	材 料 名 称	μ_r
铸铁	200～400	铝硅铁粉芯	7～25
铸钢	500～2200	锰锌铁氧体	300～5000
硅钢片	7000～10000	镍锌铁氧体	10～1000

4. 磁场强度

磁场中磁感应强度的大小不仅与产生磁场的电流有关，还与磁场中的介质有关。而介质的磁导率 μ 不是常数，计算起来并不方便，因此为了使磁场计算简便，我们常常使用磁场强度来确定电流产生的磁场。

磁场中某点的磁场强度就是该点的磁感应强度 B 和介质的磁导率 μ 的比值，用字母 H 表示，即

$$H = \frac{B}{\mu} \qquad (6.1.10)$$

磁场强度也是矢量，其方向与该点磁感应强度的方向相同。在国际单位制中，H 的单位是安/米（A/m）。如图 6.1.3 所示的均匀密绕环形线圈内某点磁感应强度的大小为

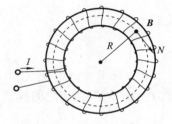

图 6.1.3　通电环形线圈

$$B = \mu \frac{NI}{2\pi R} \qquad (6.1.11)$$

式中，I 为线圈电流（A）；N 为线圈的匝数；r 为环中某点的半径（m）；μ 为环中介质的磁导率。可见，如果其他条件不变而 μ 不同，则 B 也不同。但是同一点的磁场强度 H 为

$$H = \frac{NI}{2\pi R} \qquad (6.1.12)$$

H 与 μ 无关，它只取决于线圈的形状、尺寸、线圈中的电流和这一点在磁场中的位置。

6.1.3　铁磁材料

1. 铁磁材料的磁化

铁磁性物质的导磁能力很强，在外磁场作用下容易被磁化。而非磁性物质之所以没有这样的磁性，是因为它们的结构不同，在铁磁性物质内部存在许多自然磁化的小区域，称为磁畴。每个磁畴排列杂乱，对外不显磁性。在外磁场作用下，磁畴排列规则，极性一致，于是产生了与外磁场方向相同的附加磁场，对外显示很强的磁性，即铁磁材料的磁化。

铁磁材料的磁化特性，可通过磁化曲线和磁滞回线来说明。

2. 磁化曲线

磁化曲线是指铁磁材料中的磁感应强度 B 随外加磁场强度 H 变化的曲线，如图 6.1.4 所

示。

　　铁磁材料初始状态为 $H=0$、$B=0$（完全退磁）。H 值从 0 开始增加，B 值随之增加。开始时（Oa 段），因为磁畴的方向不断与外磁场趋向一致，所以 B 增加很快，曲线呈直线状。磁化过程中（ab 段），当外磁场（激励电流）增强到一定值时，磁性材料内部的磁畴基本上均转向与外磁场方向一致，B 的增加变缓，铁磁材料开始进入饱和状态，b 点称为饱和点。b 点以上段，磁畴方向已经趋向一致，内部附加的磁场不再增强，此时铁磁材料处于饱和状态。

　　由图 6.1.4 可见，铁磁材料的 B 和 H 的关系是非线性的，所以其磁导率 μ 不是常数。

3. 磁滞回线

　　在实际工作中我们发现，如果铁磁材料在交变的磁场中反复磁化，则磁感应强度 B 的变化总是滞后于磁场强度 H 的变化。这种现象称为铁磁材料的磁滞现象，磁化曲线表现为回线的形式，称为磁滞回线，如图 6.1.5 所示。

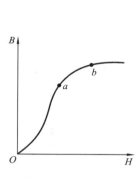

图 6.1.4　磁化曲线

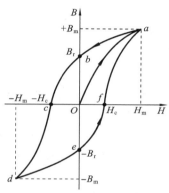

图 6.1.5　磁滞回线

　　由图 6.1.5 可见，当 H 减小时，B 也随之减小，但当 $H=0$ 时，B 并未回到 0 值，而是 $B=B_r$，B_r 称为剩磁感应强度，简称剩磁。当 $H=-H_c$ 时，磁感应强度 B 才为 0，成为矫顽磁力，它表示铁磁材料反抗退磁的能力。图中所示回线是在相同的 H 和 $-H$ 下反复磁化多次获得的结果。在不同的 H 和 $-H$ 下就可得到磁滞回线族，将原点和各回线的顶点（H,B）描成得一条曲线称为基本磁化曲线，工程上给出的磁化曲线都是基本磁化曲线。

　　在电气设备中对电磁场起有效作用的材料称为电工材料。常用的电工材料有导电材料、绝缘材料和磁性材料。磁性材料是功能材料的重要分支，利用磁性材料制成的磁性元器件具有转换、传递、处理信息、存储能量、节约能源等功能，广泛地应用于能源、电信、自动控制、通信、家用电器、生物、医疗卫生、轻工、选矿、物理探矿、军工等领域。尤其在信息技术领域已成为不可缺少的组成部分。信息化发展要求磁性材料制造的元器件不仅大容量、小型化、高速度，而且具有可靠性、耐久性、抗振动和低成本的特点，并以应用磁学为技术理论基础，与其他科学技术相互渗透、交叉、相互联系成为现代高新技术群体中不可缺少的组成部分。特别是纳米磁性材料在信息技术领域日益显示出其重要性。

　　磁性材料广义上分为两大类：软磁材料和硬磁材料。软磁材料能够用相对低的磁场强度磁化，当外磁场移走后保持相对低的剩磁，主要应用于任何包括磁感应变化的场合。硬磁材料是在经受外磁场后能保持大量剩磁的磁性材料。

　　软磁材料是应用中占比例最大的传统磁性材料。常用的软磁材料有电工用纯铁和硅钢片。电工用纯铁具有优良的软磁特性，电阻率低。一般用于直流磁场，常用的是 DT 系列电磁纯铁;硅钢片磁导率高、铁损耗小,按其制造工艺不同,分为热轧和冷轧两种。常用的有 DR 系列热轧硅钢片、DW 系列冷轧硅钢片和 DQ 系列冷轧硅钢片。钢片的厚度有 0.35 mm 和 0.5 mm两种,前者多用于各种变压,后者多用于各种交直流电机。

具有高矫顽力值的硬磁材料称为永磁材料,主要用于提供磁场。永磁材料是人类最早认识到磁性的材料。常用的永磁材料有马氏体钢、铁铬钴合金、铝镍钴合金等。铝镍钴合金主要用于制造永磁电机的磁极铁芯和磁电系仪表的磁钢。铝镍钴合金的剩磁和矫顽力都较大,并且结构稳定、性能可靠。主要分为各向同性系列、热处理各向异性系列、定向结晶各向异性系列等三大系列。

此外,稀土材料与过渡金属的合金——稀土永磁材料以及永磁体粉末与挠性好的橡胶、塑料、树脂等黏结材料相混合而形成黏接磁体也成为应用广泛的新型磁性材料。

练习与思考

6.1.1 说明磁感应强度 B、磁通 Φ、磁场强度 H、磁导率 μ 等物理量的定义、相互关系和单位。

6.1.2 某均匀磁场的 $B=0.8$ T,其中均匀介子的 $\mu_r=1000$。试求:

(1) 垂直于磁场方向、面积 $S=10^{-4}$ m^2 的平面上的磁通 Φ;

(2) 磁场中各点的磁场强度 H。

6.1.3 什么是铁磁物质的磁化、磁饱和、磁滞?

6.1.4 铁磁材料的磁化曲线有哪几种? 分别对应于怎样的磁化过程?

6.1.5 铁磁材料可以分为哪两大类? 分类的依据是什么?

6.1.6 绝缘材料的分类有哪些?

6.2　磁路及磁路定律

6.2.1　磁路

具有铁芯的线圈,由于铁磁材料的磁导率远大于周围的其他介质(如空气),即使通入较小的电流,也能产生很强的磁场,并且可以改变磁场在空间的分布,使绝大部分磁通集中在铁芯所构成的路径内,形成了磁通的定向流动。我们把通过磁通的闭合回路称之为磁路。工程上,根据实际需要,把磁铁材料制成适当形状来控制磁通的路径。图 6.2.1 所示为几种常见的磁路。

绝大部分磁通通过铁芯构成闭合回路,称为主磁通,用 Φ 表示。另有极少部分磁通穿出铁芯,经过线圈周围的空气闭合,称为漏磁通,用 Φ_s 表示。分析磁路问题时,漏磁通往往可以忽略不计,因此通常把磁通集中通过的路径称为磁路。

与电路相似,磁路也分为有分支磁路和无分支磁路。图 6.2.1(b)是无分支磁路,图 6.2.1(a)和图 6.2.1(c)是有对称分支磁路。

6.2.2　磁路定律

1. 磁路中的物理量

(1) 磁动势。磁路中的磁动势是产生磁能的原因。通电线圈产生的磁通与线圈的匝数 N

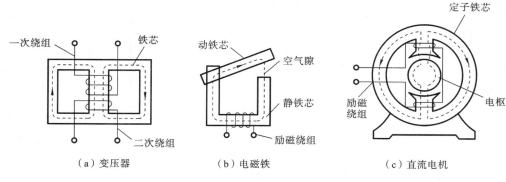

（a）变压器　　　　（b）电磁铁　　　　（c）直流电机

图 6.2.1　几种常见的磁路

和通过电流 I 的乘积成正比，我们把 NI 称为磁动势，用符号 F_m 表示，即

$$F_m = NI \tag{6.2.1}$$

（2）磁阻。磁路用磁阻来表示磁通通过磁路时受到阻碍作用，用符号 R_m 表示。磁阻 R_m 的大小与磁路的长度 l 成正比，与磁路的横截面积 S 成反比，并与组成磁路材料的磁导率 μ 有关，即

$$R_m = \frac{l}{\mu S} \tag{6.2.2}$$

由于铁磁性材料的磁导率 μ 比空气的磁导率 μ_0 大得多，所以根据上面公式可知，在磁路长度和横截面积相同的情况下，铁磁性材料的磁阻比空气的磁阻小得多。

（3）磁位差。和电场内存在电位差一样，在磁场中也有一个被称作磁位差的物理量。我们把磁场强度 H 和沿磁力场方向的一段长度 l 的乘积称为该长度之间的磁位差，用字母 U_m 表示，其单位是安（A）。在均匀磁场中可以得到以下关系式：

$$U_m = Hl \tag{6.2.3}$$

式中，l 为沿磁场强度方向的一段长度（m）；H 为线圈中的磁场强度（A/m）；U_m 为长度之间的磁位差（A）。

磁位差与电流之间的关系可以由安培环路定律来描述。安培环路定律也叫全电流定律，它的具体内容是：磁场中沿任意闭合路径一周的磁位差等于该闭合路径所包围的全部电流的代数和，即

$$U_m = \oint H \mathrm{d}l = \sum I \tag{6.2.4}$$

如果闭合路径 L 上的磁场强度均为 H，则安培环路定律可以表示成

$$HL = \sum I \tag{6.2.5}$$

2. 磁路基尔霍夫电流定律

对于包围磁路某一部分的封闭面来说，由于磁通是连续的，所以穿过该封闭面的所有磁通的代数和等于零，即

$$\sum \Phi = 0 \tag{6.2.6}$$

这就是磁路的基尔霍夫电流定律。

图 6.2.2 所示为一分支磁路的示意图，分支汇集处的 c 点和 d 点称为磁路的节点，连在节点之间的分支磁路称为支路。在线圈 N_1 和 N_2 中分别通过电流 i_1 和 i_2，3 条支路的磁通分别为 Φ_1、Φ_2 和 Φ_3，磁通与电流方向如图 6.2.2 所示，它们之间的关系符合右手螺旋关系。

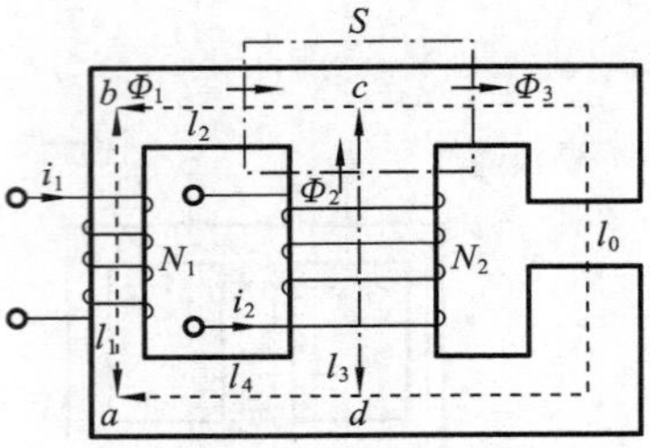

在节点 c 作任意闭合面 S，根据磁通的连续性原理可知，穿入闭合面的磁通应等于闭合面的磁通，有

$$\Phi_1 + \Phi_2 = \Phi_3$$

规定穿出 S 面的磁通为正，穿入 S 面的磁通为负，则上式可写成

$$-\Phi_1 - \Phi_2 + \Phi_3 = 0$$

即

$$\sum \Phi = 0$$

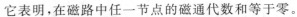

图 6.2.2　磁路基尔霍夫定律

它表明，在磁路中任一节点的磁通代数和等于零。

3. 磁路基尔霍夫电压定律

若一段磁路的材料相同，横截面也相同，则它就是均匀磁路，否则就是不均匀磁路。磁路中的任何一个闭合路径不一定是均匀磁路。在应用安培环路定律时，必须将回路根据材料和截面的不同分段，使各段都有相同的 H 值。如图 6.2.2 所示 $abcda$ 回路，虽然材料相同，但截面不同，可以把磁路分为 4 段，各段的平均长度分别为 l_1、l_2、l_3、l_4，相应段的磁场强度分别为 H_1、H_2、H_3、H_4。取回路的绕行方向为顺时针方向，则由安培环路定律得

$$\oint H \mathrm{d}l = i_1 N_1 - i_2 N_2$$

即

$$H_1 l_1 + H_2 l_2 - H_3 l_3 + H_4 l_4 = i_1 N_1 - i_2 N_2$$

故

$$\sum Hl = \sum Ni \tag{6.2.7}$$

这就是磁路的基尔霍夫电压定律，它指出：沿磁路中的任一闭合路径的总磁压等于磁路的总磁动势。应用上式时，决定正负号的原则是：任意设定回路绕行方向，当 H 的方向与绕行方向一致时，则磁压为正，否则为负；当电流参考方向与绕行方向符合右手螺旋关系时为正，反之为负。

4. 磁路欧姆定律

磁路中任何一段的磁压

$$U_{\mathrm{m}} = Hl = \frac{B}{\mu} l = \frac{\Phi}{\mu S} l = \frac{l}{\mu S} \Phi$$

又

$$R_{\mathrm{m}} = \frac{l}{\mu S}$$

则

$$U_{\mathrm{m}} = R_{\mathrm{m}} \Phi \tag{6.2.8}$$

上式在形式上与电路的欧姆定律相似，称为磁路的欧姆定律。其中，磁压 U_{m} 与电路中的电压对应，磁通 Φ 与电路中的电流对应；磁阻 R_{m} 与电路中导体的电阻对应。由于铁磁性物质的磁导率 μ 随励磁电流而变化，所以磁阻呈非线性，这给欧姆定律的应用带来局限性。在一般情况下，不能直接用磁路的欧姆定律来进行计算，但可以用它来对磁路进行定性分析。

【例 6.2.1】 如图 6.2.3 所示为一有气隙的铁芯线圈。若线圈中通以直流电流，试分析气隙的大小对磁路中的磁阻、磁通和磁动势的影响。

解 直流情况下，线圈中的电流 I 仅取决于外加直流电压和线圈导线的电阻，为恒定值，而与气隙的大小无关。因此，磁动势 $F = NI$ 也是恒定值，与气隙的大小无关。但由于空气的

磁导率远远低于铁芯的,而使气隙磁阻成为磁路总磁阻的主要组成部分。气隙大则磁阻 R_m 会显著增大,而磁动势 F 为恒定值,由磁路的欧姆定律可知,磁通 $\Phi = \dfrac{F}{R_m}$ 将减小。

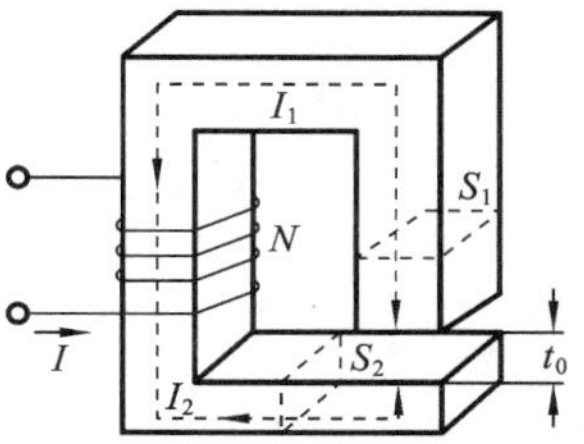

练习与思考

6.2.1　磁路欧姆定律和磁路基尔霍夫定律的内容是什么?

6.2.2　设磁路中有一空气隙,气隙长度为 2 mm,截面积为 25 mm^2,求其磁阻,若磁感应强度为 0.9 T,试求其磁位差。

6.2.3　一点电荷,带电量 $q = 2$ C,以 10 m/s 的速度通过一匀强磁场,磁场的磁感应强度 $B = 1.5$ T,求这个点电荷可能受到的电磁力。

6.2.4　已知穿过气隙的磁通 $\Phi = 3.2 \times 10^{-3}$ Wb,磁极的边长为 8 cm、宽为 4 cm,求气隙中的磁场强度。

6.2.5　铁磁材料为什么具有高磁导性?

6.2.6　有一线圈,其匝数 $N = 1000$,绕在由铸钢制作成的铁芯上,铁芯的截面积 $S = 20$ cm^2,铁芯的平均长度 $l = 50$ cm。如果在铁芯中产生磁通 $\Phi = 0.002$ Wb,试问需要在线圈中通入多大的直流电?

图 6.2.3　有气隙的磁路

6.3　自感与互感

6.3.1　自感

前面我们已经知道,通电导体周围存在磁场,因此当回路中通有电流时,必定有该电流产生的磁通量通过回路自身。又由电磁感应定律可知,当通过回路面积的磁通量发生变化时,回路中就有感应电动势产生。这种由于回路中电流产生的磁通量发生变化,而在回路自身中激起感应电动势的电惯性现象,称为自感现象,简称自感。

当线圈中通过变化的电流时,这个电流产生的磁场使该线圈每匝具有的磁通 Φ 叫做自感磁通。使 N 个线圈具有的磁通叫做自感磁链,用字母 Ψ 表示,即

$$\Psi = N\Phi \tag{6.3.1}$$

由于同一电流 i 通过不同的线圈时,所产生的自感磁链 Ψ 不一定相同。为了表明各个线圈产生自感磁链的能力,将线圈的自感磁链 Ψ 与电流 i 的比值称为线圈的自感系数,简称电感,用符号 L 表示,即

$$L = \frac{\Psi}{i} \tag{6.3.2}$$

电感是线圈的固有参数,它的大小取决于线圈的匝数、几何形状以及线圈周围磁介质的磁导率。电感的单位是亨利(H)。实际应用中,一般线圈具有的电感量比较小,因而常采用比亨利小的单位,如毫亨(mH)、微亨(μH)。它们之间的换算关系是

$$1 \text{ H} = 1 \times 10^3 \text{ mH}$$

$$1 \text{ mH} = 1 \times 10^3 \text{ } \mu\text{H}$$

根据电磁感应定律,可以得出线圈中产生的自感电动势为

$$e_L = \left| \frac{\Delta \Psi_L}{\Delta t} \right| \tag{6.3.3}$$

当 L 为常数,即线圈的匝数、几何形状和磁导率都保持不变的情况下,由 $\Psi_L = Li$ 有

$$e_L = \left| L \frac{\Delta i}{\Delta t} \right| \tag{6.3.4}$$

式中,$\frac{\Delta i}{\Delta t}$ 为电流对时间的变化率(A/s)。

　　自感电动势的方向可以用楞次定律来判断。如图 6.3.1 所示,当电流线圈的电流增加时,自感电动势的方向要与原电流方向相反;当流过线圈的电流减小时,自感电动势的方向要与原电流方向一致,即自感电动势的方向总是阻碍原电流的变化。线圈的电感越大,自感应的作用也越大,线圈中的电流也越不容易改变。

（a）　　　　　　　　（b）

图 6.3.1　自感电动势的方向

　　【例 6.3.1】　有一个电感 $L = 50$ H 的线圈接在电源上,通过的电流为 1 A,当电路的开关断开时,在 0.02 s 的时间内,电流降为零。试求线圈中的自感电动势。

　　解　因为
$$\Delta i = i_2 - i_1 = 0 - 1 = -1 \text{ A}$$
又
$$\Delta t = 0.02 \text{ s}$$
所以
$$e = \left| L \frac{\Delta i}{\Delta t} \right| = \left| 50 \times \frac{-1}{0.02} \right| \text{ V} = 2500 \text{ V}$$

6.3.2　互感

　　两个相互邻近的线圈,如图 6.3.2 所示。线圈 1 和线圈 2 匝数分别为 N_1、N_2,当线圈 1 通有电流 i_1 时,在线圈 1 中产生了磁通 Φ_{11},称为线圈 1 的自感磁通,线圈 1 中各匝磁通的总和称为线圈 1 的自感磁链 Ψ_{11},$\Psi_{11} = N_1 \Phi_{11}$。由于线圈 1 和线圈 2 靠得很近,使 Φ_{11} 中的一部分 Φ_{21} 同时穿过线圈 2,这部分磁通 Φ_{21} 称为线圈 2 的互感磁通。这种一个线圈的磁通交链另一个线圈的现象,称为磁耦合。设磁通 Φ_{21} 与线圈 2 的每一匝都有相交链,则此时线圈 2 中各匝磁通的总和称为线圈 2 的互感磁链 Ψ_{21},$\Psi_{21} = N_2 \Phi_{21}$。

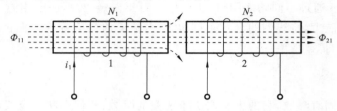

图 6.3.2　两线圈的互感

　　当线圈 1 中的电流 i_1 发生变化时,自感磁通 Φ_{11} 也随之变化,不仅在线圈 1 中产生自感电压 u_{11},而且通过互感磁通 Φ_{21} 在线圈 2 中也产生感应电压,这个电压称为互感电压 u_{21},同理,当线圈 2 中通以变化电流 i_2 时,线圈 1 中也会产生感应电压 u_{12}。我们把这种由于一个线圈中电流变化而在邻近其他线圈中产生感应电压的现象称为互感现象,简称互感。

对比自感现象可知：自感是一个线圈发生的电磁感应；而互感是两个（或多个）线圈发生的电磁感应。其本质都是一样的，只不过是电磁感应的表现形式不同而已。

与自感定义类似，当选取磁通（或磁链）的参考方向与产生它的电流参考方向符合右手螺旋关系时，定义互感磁链 Ψ_{21} 与产生它的电流 i_1 的比值为线圈 1 对线圈 2 的互感系数，用 M_{21} 表示，即

$$M_{21} = \frac{\Psi_{21}}{i_1} \tag{6.3.5}$$

同理，线圈 1 中的互感磁链 Ψ_{12} 与产生它的电流 i_2 的比值称为线圈 2 对线圈 1 的互感，用 M_{12} 表示，即

$$M_{12} = \frac{\Psi_{12}}{i_2}$$

理论和实验都可以证明，$M_{12} = M_{21}$。因此一般省略下标，直接用 M 表示互感，即

$$M = M_{12} = M_{21} \tag{6.3.6}$$

线圈间的互感 M 是线圈的固有参数，它与线圈的匝数、几何尺寸、相对位置和磁介质等有关。当磁介质为非铁磁性物质时，M 是常数。它和自感有相同的单位：亨（H）、毫亨（mH）或微亨（μH）。

工程上通常用耦合系数 k 表示两个线圈磁耦合的紧密程度，并定义为

$$k = \frac{M}{\sqrt{L_1 L_2}} \tag{6.3.7}$$

式中，L_1、L_2 分别是线圈 1 和线圈 2 的自感。

显然，k 的最大值是 1，最小值是 0，前者意味着由一个线圈中电流所产生的磁通全部与另一个线圈交链，已经达到无法再使 M 增加的地步，后者出现于无互感的情况。耦合系数 k 反映了磁通相耦合的程度，$k = 1$ 时称为全耦合，k 近似等于 1 时称为紧耦合，k 值较小时称为松耦合。

由互感现象产生的感应电动势叫做互感电动势，用 e_M 表示。假定线圈 1 中电流发生变化，线圈 2 中产生的互感电动势为

$$e_{M2} = -N_2 \frac{\Delta \Phi_{12}}{\Delta t} = -\frac{\Delta \Psi_{12}}{\Delta t} = -M \frac{\Delta i_1}{\Delta t}$$

当 M 确定时，一个线圈中互感电动势的大小正比于另一线圈电流的变化率。同样，当线圈 2 的电流变化时，线圈 1 产生的互感电动势的大小为

$$e_{M1} = -M \frac{\Delta i_2}{\Delta t} \tag{6.3.8}$$

线圈中的互感电动势与互感系数和另一线圈中电流的变化率的乘积成正比。互感电动势的方向可用楞次定律判断，式中负号即为楞次定律的反映。

在互感线圈中，我们将电位瞬时极性始终保持一致的端点叫做同名端（或同极性端）用符号"·"或"＊"表示。如图 6.3.3 所示的线圈 A 中，"1"端流入增加的电流 i，则"i"所产生的磁通 Φ 会随时间而增大，这时线圈 A 中产生自感电动势，线圈 B 中产生互感电动势。这两个电动势都是由于 Φ 的变化引起的。根据楞次定律，可以确定线圈 A、B 中感应电动势的方向，如图中"＋"、"－"号所示。可见端点"1"和"3"、"2"和"4"的极性是相同的。若减小时，A、B 中感应电动势方向都相反，但端点"1"和"3"、"2"和"4"的极性仍是相同的。所以端点"1"和"3"、"2"

和"4"是同名端,如图6.3.3所示。

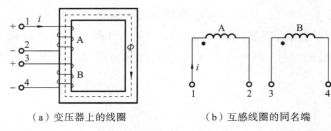

（a）变压器上的线圈　　　　　（b）互感线圈的同名端

图 6.3.3　互感线圈的同名端

因此,当知道线圈的绕法时,可运用楞次定律直接判定互感电动势极性,或者利用同名端也可以判断出线圈中互感电动势的极性。

练习与思考

6.3.1　试判断图 6.3.4 中线圈 L_1、L_2、L_3 的同名端。

6.3.2　如图 6.3.5 所示的一对绕在同一芯子上的互感线圈,不知其同名端,现按图连接电路并测试。当开关突然接通时,发现电压表反向偏转,试确定两线圈的同名端。

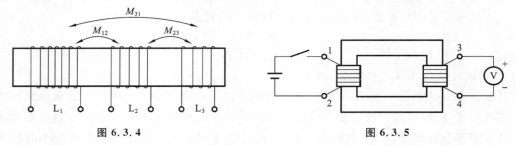

图 6.3.4　　　　　　　　　　　图 6.3.5

6.3.3　如图 6.3.6 所示电路,标出自感电压和互感电压的参考方向,并写出 u_1、u_2 表达式。

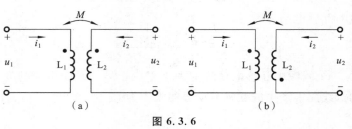

（a）　　　　　　　　　　（b）

图 6.3.6

6.3.4　在图 6.3.7 中,根据标明的同名端与给定电流参考方向,标出互感电动势与互感电压的参考方向。

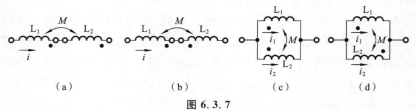

（a）　　　　（b）　　　　（c）　　　　（d）

图 6.3.7

6.3.5　在图 6.3.8 中,已知 $L_1 = 0.2$ H,$L_2 = 0.8$ H,$k = 0.5$,求等效电感。

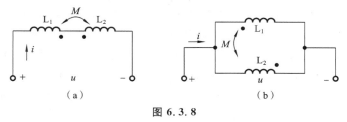

图 6.3.8

6.4　变压器的结构及工作原理

6.4.1　变压器的结构

变压器按相数分有单相、三相和多相,按结构分可分为芯式和壳式。按绕组数目分有双绕组变压器、三绕组变压器、多绕组变压器和自耦变压器。按冷却方式分有油浸式变压器、充气式变压器和干式变压器。尽管变压器的种类很多,但其基本构造是相同的,都由铁芯和绕组两部分组成。

1. 铁芯

铁芯是变压器磁路的主体,它构成了电磁感应所需的磁路,使绕组之间实现电磁耦合。为了增强磁的交链,尽可能地减小涡流损耗,铁芯常用磁导率较高而又相互绝缘的硅钢片相叠而成。每一片厚度为 $0.35 \sim 0.5$ mm,硅含量约为 5%,表面涂有绝缘漆。通信用的变压器多用铁氧体、钕铁硼或其他磁性材料制成的铁芯。

铁芯分为芯式和壳式。芯式铁芯呈"口"字形,线圈包着铁芯,如图 6.4.1(a)所示。壳式铁芯呈"日"字形,铁芯包着线圈,如图 6.4.1(b)所示。

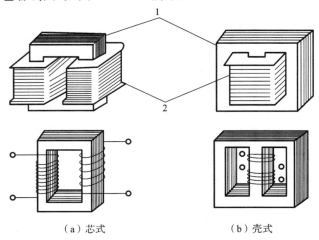

（a）芯式　　　　　　　　　（b）壳式

图 6.4.1　变压器铁芯结构

1—铁芯;2—绕组

2. 绕组

绕组是变压器的电路部分,一般用绝缘良好的漆包线、纱包线绕成。绕组是作为电流的载体,产生磁通和感应电动势。

变压器工作时与电源连接的绕组叫初级绕组(也叫一次绕组),与负载连接的绕组叫次级绕组(也叫二次绕组)。接到高压电网的绕组称高压绕组,接到低压电网的绕组称低压绕组。按高、低压绕组在铁芯柱上放置方式的不同,绕组有同芯式和交叠式两种。同芯式绕组将高、低压绕组同芯地套在铁芯柱上。通常低压绕组靠近铁芯,高压绕组套装在低压绕组外面。国产变压器多采用这种结构;交叠式绕组将高低压绕组分成若干饼线,沿着铁芯柱的高度方向交替排列。这种绕组仅用于壳式变压器中,如大型电炉变压器就采用这种结构。

6.4.2 变压器的工作原理

从变压器的结构可知,变压器是按电磁感应原理工作的。如果把变压器的原线圈接在交流电源上,在原线圈中就有交变电流流过,交变电流将在铁芯中产生交变磁通,这个变化的磁通经过闭合磁路同时穿过原线圈和副线圈。交变的磁通将在线圈中产生感生电动势,因此在变压器原线圈中产生自感电动势的同时,在副线圈中也产生了互感电动势。这时如果在副线圈上接上负载,那么电能将通过负载转换成其他形式的能量。在一般情况下,变压器的损耗和漏磁通都是很小的。因此,下面在变压器铁芯损耗、导线铜损耗和漏磁通都不计的理想变压器情况下,讨论变压器的几个作用。

1. 空载运行

图 6.4.2 所示,副线圈绕组未接负载的状态就是空载运行状态。

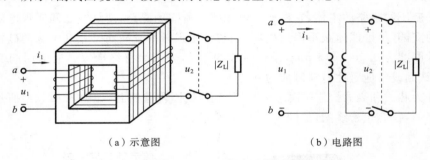

(a) 示意图　　　　　　　(b) 电路图

图 6.4.2 理想变压器

空载时,当变压器的原线圈接上交流电压后,在原、副线圈中将有交变的磁通,若漏磁通忽略不计,可以认为穿过原、副线圈的交变磁通相同,因而这两个线圈的每匝所产生的感应电动势相等。设原线圈的匝数是 N_1,副线圈的匝数是 N_2,穿过它们的磁通是 Φ,那么原、副线圈中产生的感生电动势分别是

$$E_1 = N_1 \frac{\Delta\Phi}{\Delta t}, \quad E_2 = N_2 \frac{\Delta\Phi}{\Delta t}$$

由此可得

$$\frac{E_1}{E_2} = \frac{N_1}{N_2}$$

如果忽略漏磁通和绕组上的降压,则原、副线圈的电动势近似等于原、副边电压。即

$$U_1 = E_1, \quad U_2 = E_2$$

则原、副线圈两端电压之比等于匝数之比

$$n = \frac{E_1}{E_2} = \frac{N_1}{N_2} \tag{6.4.1}$$

式中,n 叫做变压器的变压比。

如果 $n>1$,则 $N_1>N_2$,$U_1>U_2$,变压器使电压降低,这种变压器叫做降压变压器。如果 n

<1,则 $N_1<N_2$,$U_1<U_2$,变压器使电压升高,这种变压器叫做升压变压器。

2. 负载运行

变压器在带负载的情况下,绕组电阻、漏磁及涡流总会产生一定的能量损耗,但是比负载上消耗的功率小得多,一般情况下可以忽略不计。也就是说,可将变压器视为理想变压器,其内部不消耗功率,输入变压器的功率全部消耗在负载上,即

$$U_1 I_1 = U_2 I_2$$

从前面的分析可以得出

$$\frac{I_1}{I_2} = \frac{U_2}{U_1} = \frac{N_2}{N_1} = \frac{1}{n} \tag{6.4.2}$$

可见,变压器负载工作时,原、副边的电流有效值 I_1、I_2 与它们的电压或匝数成反比。变压器具有变换电流的作用,即它在变换电压的同时也变换了电流。

3. 阻抗变换

变压器除了具有电压和电流的变换作用外,还具有阻抗变换的作用。在电子设备中,往往要求负载能获得最大输出功率;而负载要获得最大功率,必须满足负载阻抗与电源阻抗相匹配这一条件,称为阻抗匹配。但是,在一般情况下,负载阻抗是一定的,不能随意改变,因此很难得到满意的阻抗匹配。利用变压器的阻抗变换作用,通过适当选择变压器的电压比,可以在负载阻抗固定时实现阻抗匹配,从而使负载获得最大的输出功率。变压器与阻抗的连接电路如图 6.4.3 所示。

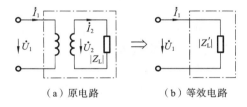

（a）原电路　　　　（b）等效电路

图 6.4.3　变压器的阻抗变换

从图 6.4.3 中可以看出,变压器原边电路阻抗为

$$|Z'_L| = \frac{U_1}{I_1}$$

根据欧姆定律,负载阻抗 $|Z_L|$ 与副边电压 U_2 和电流 I_2 的关系为

$$|Z_L| = \frac{U_2}{I_2}$$

因为

$$n = \frac{U_1}{U_2} = \frac{I_2}{I_1}$$

所以

$$\frac{|Z'_L|}{|Z_L|} = \frac{U_1}{U_2} \cdot \frac{I_2}{I_1} = n^2$$

即

$$|Z'_L| = n^2 |Z_L| \tag{6.4.3}$$

这表明变压器的副边接上负载 Z_L 后,对电源而言,相当于接上阻抗为 $n^2 Z_L$ 的负载。当变压器负载 Z_L 一定时,改变变压器原、副边匝数,可获得所需要的阻抗。

【例 6.4.1】　有一台降压变压器,原边电压 $U_1 = 380$ V,副边电压 $U_2 = 36$ V,如果接入一个 36 V、60 W 的灯泡,求:(1)原、副边电流各是多少?(2)相当于原边电路接上一个多少阻值的电阻?

解　灯泡可以看做纯电阻,因此副边电流为

$$I_2 = \frac{P}{U_2} = \frac{60}{36} \text{ A} \approx 1.667 \text{ A}$$

又因为

$$n = \frac{U_1}{U_2} = \frac{380}{36} = 10.555$$

所以原边电流为

$$I_1 = \frac{I_2}{n} = \frac{1.667}{10.555} \text{ A} = 0.158 \text{ A}$$

灯泡的电阻

$$R_L = \frac{U_2^2}{P} = \frac{36^2}{60} \text{ Ω} = 21.6 \text{ Ω}$$

则一次绕组的等效电阻为

$$R'_L = n^2 R_L = 10.555^2 \times 21.6 \text{ Ω} = 2406 \text{ Ω}$$

或

$$R'_L = \frac{U_1}{I_1} = \frac{380}{0.158} \text{ Ω} = 2406 \text{ Ω}$$

练习与思考

6.4.1　某单相照明变压器,容量为 10 kV·A,电压为 3300 V/220 V,今欲在二次绕组接上 60 W、220 V 的白炽灯,变压器在额定情况下运行时,这种电灯可接多少盏? 一、二次绕组的额定电流为多大?

6.4.2　有一个电动式扬声器的电阻 $R = 3.2 \text{ Ω}$,信号源的内电阻 $R_0 = 10 \text{ kΩ}$,为了使扬声器获得最大的功率,匹配的变压器的变比应是多少?

6.4.3　某三相变压器,一次绕组每相匝数 $N_1 = 2080$,二次绕组每相匝数 $N_2 = 80$,如果一次绕组加线电压 $U_1 = 6000 \text{ V}$。求在 Y/Y₀ 连接时,二次绕组的线电压和相电压;在 Y/△ 连接时,二次绕组的线电压和相电压。

6.5　变压器的工作特性

6.5.1　变压器的功率

变压器原边的输入功率为

$$P_1 = U_1 I_1 \cos\varphi_1 \tag{6.5.1}$$

式中,U_1 为原边电压;I_1 为原边电流;φ_1 为原边电压和电流的相位差。

变压器副边输出功率为

$$P_2 = U_2 I_2 \cos\varphi_2 \tag{6.5.2}$$

式中,U_2 为副边电压;I_2 为副边电流;φ_2 为副边电压和电流的相位差。

输入功率和输出功率的差就是变压器所损耗的功率,即

$$P' = P_1 - P_2 \tag{6.5.3}$$

6.5.2　变压器的损耗与效率

由于变压器存在铜损耗和铁损耗,铜损耗是由原线圈和副线圈绕组中通过电流产生的。

铁损耗是由交变的主磁通在铁芯中引起的。因为电流的大小和负载有关,负载变化时铜损耗的大小也要相应变化,因此铜损耗又称可变损耗。变压器正常工作时,原边电压是不变的,因此主磁通的大小也不改变,从而铁损耗也基本不变,所以铁损耗又称不变损耗。

同机械效率的意义相似,变压器的效率是变压器输出功率 P_2 与输入功率 P_1 的百分比,即

$$\eta=\frac{P_2}{P_1}\times 100\% \tag{6.5.4}$$

通常在满载 80% 左右时,变压器的效率最高。大容量变压器的效率可达 98%～99%。

【例 6.5.1】　有一变压器的原边电压为 2200 V,副边电压为 220 V,在接有纯电阻性负载时,测得次级电流为 10 A。若变压器的效率为 95%,试求它的损耗功率、原边功率和原边电流。

解　副边负载功率为

$$P_2=U_2 I_2\cos\varphi_2=220\times 10\ \text{W}=2200\ \text{W}$$

原边功率为

$$P_1=\frac{P_2}{\eta}=\frac{2200}{0.95}\ \text{W}\approx 2316\ \text{W}$$

损耗功率为

$$P'=P_1-P_2=(2316-2200)\ \text{W}=116\ \text{W}$$

原边电流为

$$I_1=\frac{P_1}{U_1}=\frac{2316}{2200}\ \text{A}\approx 1.05\ \text{A}$$

6.5.3　变压器的外特性

对于负载而言,变压器相当于一个电源。对于电源,我们关心的是它的输出电压与负载电流大小的关系,也就是所谓的变压器的外特性。当原边电压 U_1 和负载的功率因数 $\cos\varphi_2$ 一定时,副边的输出电压 U_2 与负载电流 I_2 的关系,即 $U_2=f(I_2)$ 称为变压器的外特性。实际外特性曲线可以通过实验的方法取得。一般情况下,这个外特性近似一条稍微向下倾斜的直线,且下降的倾斜度与负载的功率因数有关,功率因数(感性)越低,下降越剧烈,如图 6.5.1 所示。

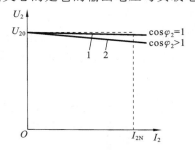

图 6.5.1　变压器的外特性曲线
1—阻性负载;2—感性负载

图 6.5.1 说明,功率因数对变压器外特性的影响是很大的,负载的功率因数确定后,变压器的外特性曲线也就随之确定了。

6.5.4　变压器的额定值

为了正确、合理地使用变压器,除了应当知道其外特性外,还应当知道其额定值,并根据其额定值正确使用。电力变压器的额定值通常在其铭牌上给出。变压器的额定值有:

(1) 一次额定电压 U_{1N},指正常情况下一次绕组应当施加的电压;

(2) 一次额定电流 I_{1N},指在 U_{1N} 作用下一次绕组允许长期通过的最大电流;

(3) 二次额定电压 U_{2N},指一次额定电压 U_{1N} 时的二次空载电压;

（4）二次额定电流 I_{2N}，指一次额定电压 U_{1N} 时二次绕组允许长期通过的最大电流；

（5）额定容量 S_N，指输出的额定视在功率，单位为伏安（V·A）；

单相变压器 $\qquad S_N = U_{2N} I_{2N} = U_{1N} I_{1N}$

三相变压器 $\qquad S_N = \sqrt{3} U_{2N} I_{2N} = \sqrt{3} U_{1N} I_{1N}$

练习与思考

6.5.1 交流铁芯线圈接正弦电压时，线圈中电流的波形是怎样的？试分析其电流波形的对称性，并判断电流中主要含有哪些谐波成分？

6.5.2 一个有气隙的铁芯线圈接直流电源时，气隙的大小对磁动势、磁阻和磁通分别有什么影响？接正弦电源时情况又怎样？

6.6 其他变压器

6.6.1 三相变压器

电能的发生、传输和分配都是三相制的，因此三相变压器在电力系统中有着广泛的应用。三相变压器可以由三台单相变压器组成，称为三相变压器组，用于大容量的电压变换。但大部分三相变压器是将三个铁芯柱和铁轭连接成一个三相磁路，形成三相一体芯式变压器，称为三相变压器。从运行原理来看，三相变压器在对称负载下运行时，各相的电流（电压）大小相等，相位互差 120°。对于任何一相进行分析时，前面所得出的基本结论对三相变压器都是适用的。

三相变压器的原理结构图如图 6.6.1 所示，它由三根铁芯柱和三组高低压绕组等组成。高压绕组的首、末端分别用 A、B、C 和 X、Y、Z 表示，低压绕组的首、末端分别用 a、b、c 和 x、y、z 表示。绕组的连接方法有多种，其中常用的有星形连接和三角形连接。高、低压绕组均采用星形连接称为 Y/Y₀ 连接，高压绕组采用星形连接、低压绕组采用三角形连接称为 Y/D 连接。如图 6.6.2 所示为这两种接法的接线情况。

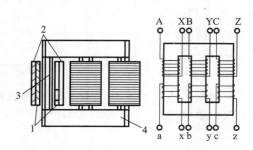

图 6.6.1 三相芯式变压器的构造原理
1—低压绕组；2—高压绕组；3—铁芯柱；4—磁轭

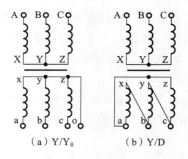

（a）Y/Y₀ （b）Y/D

图 6.6.2 三相变压器绕组的连接

6.6.2 小功率电源变压器

小功率电源变压器广泛用于各种电子设备中，它的特点是副边有多个绕组，如图 6.6.3 所示，原边接上电源后，通过副边绕组的不同连接组合，可获得多个大小不同的输出电压。如图所示的变压器,当原边接额定正弦电压时,通过副边 1 V 和 3 V 两个绕组或单独输出,或串联输出,即可得到 1 V、2 V、3 V、4 V 共四种输出电压,这个变压器一共可以输出 1～30 V 的 30 种不同有效值的电压。

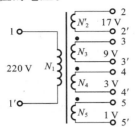

图 6.6.3　次级有多个绕组的变压器

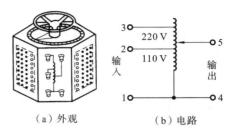

（a）外观　　　　（b）电路

图 6.6.4　自耦变压器

6.6.3　自耦变压器

自耦变压器铁芯上只有一个绕组,副绕组是从原绕组直接由抽头引出。它的特点是原边和副边绕组之间不仅有磁的联系,电的方面也是连通的。

自耦变压器可分为可调式和固定抽头式两种。图 6.6.4(a)所示的是一种可调式自耦变压器,副边抽头是可以沿绕组自由滑动的抽头,这样可以自由、平滑地调节输出电压,因此又叫做自耦调压器。其工作原理与双绕组变压器相同,内部电路如图6.6.4(b)所示。用同样的分析方法可知,其电压比、电流比与双绕组变压器相同,即

$$\frac{U_1}{U_2}=\frac{I_2}{I_1}=\frac{N_1}{N_2}=n \tag{6.6.1}$$

6.6.4　电流互感器

电力系统中,高电压和大电流不便于测量,通常用特种专用的变压器把电流变小或把电压降低后再进行测量。这种特种专用的变压器就称为互感器。电流互感器就是把大电流变换成小电流的特种变压器,其结构原理与电路图如图 6.6.5 所示。根据变压器的电流变换关系,有

$$I_1=\frac{N_2}{N_1}I_2=K_1I_2 \tag{6.6.2}$$

式中,K_1 为电流互感器的额定电流比。

测出 I_2 就可以算出 I_1,这样就间接地测量了 I_1 的值。通常将电流互感器的二次绕组额定电流设计成标准值 5 A 或 1 A。

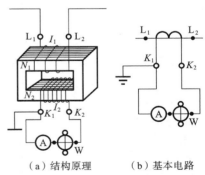

（a）结构原理　　　（b）基本电路

图 6.6.5　电流互感器

需要指出的是,使用电流互感器时,副边不得开路,否则会在副边产生过高的危险电压,为安全起见,副边绕组的一端和铁壳都必须接地。

练习与思考

6.6.1　绕制一台 220V/110V 的变压器,是否可以将初级线圈绕 2 匝,次级绕 1 匝,为什么?

本 章 小 结

1. 磁场的基本物理量

(1) 磁感应强度:描述磁场内某点磁场强弱的物理量,用字符 B 表示,单位是特斯拉,简称特(T)。

$$B = \frac{F}{lI}$$

(2) 磁通:反映磁场中某个面上磁场情况的物理量,用字符 Φ 表示,单位是韦伯,简称韦(Wb)。

$$\Phi = \int_S B\,\mathrm{d}S$$

(3) 磁导率:描述介质对磁场的影响的物理量,用字符 μ 表示,单位是亨/米(H/m)。

其他介质的磁导率 μ 与真空的磁导率 μ_0 的比值称为磁介质的相对磁导率,用字符 μ_r 来表示。

$$\mu_r = \frac{\mu}{\mu_0}$$

(4) 磁场强度:磁场中某点的磁场强度就是该点的磁感应强度 B 和介质的磁导率 μ 的比值,用字母 H 表示,单位是安/米(A/m)。

$$H = \frac{B}{\mu}$$

2. 磁路及磁路定律

(1) 磁路中的物理量

① 磁动势:线圈的匝数 N 和通过电流 I 的乘积称为磁动势,用符号 F_m 表示。

$$F_m = NI$$

② 磁阻:表示磁通通过磁路时受到阻碍作用,用符号 R_m 表示。

$$R_m = \frac{l}{\mu S}$$

③ 磁位差:磁场强度 H 和沿磁力线方向一段长度 l 的乘积称为该长度之间的磁位差,用字母 U_m 表示,其单位是安(A)。在均匀磁场中

$$U_m = Hl$$

(2) 磁路的基尔霍夫电流定律

对于包围磁路某一部分的封闭面来说,由于磁通是连续的,所以穿过该封闭面的所有磁通的代数和等于零,即

$$\sum \Phi = 0$$

(3) 磁路的基尔霍夫电压定律

沿磁路中的任一闭合路径的总磁压等于磁路的总磁动势,即

$$\sum Hl = \sum Ni$$

(4) 磁路欧姆定律

磁压 U_m、磁通 Φ 和磁阻 R_m 之间存在这样的关系:

$$U_m = R_m \Phi$$

上式在形式上与电路的欧姆定律相似,称为磁路的欧姆定律。

3. 自感与互感

（1）自感

① 由于回路中电流产生的磁通量发生变化，而在回路自身中激起感应电动势的电惯性现象，称为自感现象，简称自感。

② 线圈的自感磁链 Ψ 与电流 i 的比值称为线圈的自感系数，简称电感，用符号 L 表示，单位是亨利（H）。

$$L = \frac{\Psi}{i}$$

（2）互感

① 由于一个线圈中电流变化而在邻近其他线圈中产生感应电压的现象称为互感现象，简称互感。

② 互感磁链 Ψ_{21} 与产生它的电流 i_1 的比值为线圈 1 对线圈 2 的互感系数，用 M_{21} 表示，单位是亨利（H）。

$$M_{21} = \frac{\Psi_{21}}{i_1}$$

4. 变压器

（1）工作原理

变压器是按电磁感应原理工作的。如果把变压器的原线圈接在交流电源上，在原线圈中就有交变电流流过，交变电流将在铁芯中产生交变磁通，这个变化的磁通经过闭合磁路同时穿过原线圈和副线圈。交变的磁通将在线圈中产生感生电动势，因此在变压器原线圈中产生自感电动势的同时，在副线圈中也产生了互感电动势。这时如果在副线圈上接上负载，那么电能将通过负载转换成其他形式的能量。

（2）工作特性

① 变压器的功率

变压器原边的输入功率为　　　　　　$P_1 = U_1 I_1 \cos\varphi_1$

变压器副边的输出功率为　　　　　　$P_2 = U_2 I_2 \cos\varphi_2$

变压器所损耗的功率为　　　　　　　$P' = P_1 - P_2$

② 变压器的效率　　　　　　　　　　$\eta = \dfrac{P_2}{P_1} \times 100\%$

③ 变压器的外特性：当原边电压 U_1 和负载的功率因数 $\cos\varphi_2$ 一定时，副边的输出电压 U_2 与负载电流 I_2 的关系，即 $U_2 = f(I_2)$ 称为变压器的外特性。

④ 变压器的额定值：额定电压、额定电流、额定容量。

习　题　六

6.1　什么是磁通量、磁感应强度、磁场强度和磁导率？

6.2　磁通和磁感应强度在意义上有什么区别？它们之间又有什么联系？

6.3　铁磁材料具有哪些基本性质？为什么磁导率不是常数？

6.4　什么是磁路？为什么磁路一般是由铁磁材料构成的？

6.5　什么是磁位差、磁动势、磁阻？它们之间的关系与电路中的哪些物理量类似？

6.6　磁路欧姆定律和磁路基尔霍夫定律的内容是什么？为什么磁路欧姆定律一般只做

定性分析,不宜在磁路中用来计算?

6.7 什么是电磁感应现象? 感应电动势的方向如何判定?

6.8 如何应用楞次定律判定感应电流方向?

6.9 理想变压器的作用是什么? 是否任何变压器均可视为理想变压器?

6.10 已知真空磁导率 $\mu_0 = 4\pi \times 10^{-7}$ H/m,现有一真空环形螺线管线圈,匝数为 1000 匝,内径为 0.2 m,外径为 0.3 m,当流入 5 A 电流时,求:

(1) 线圈的 B、Φ、H;

(2) 若以铸铁作线圈的芯子,再求 B、Φ、H(铸铁 $\mu = 300\mu_0$)。

6.11 已知两线圈的自感为 $L_1 = 4$ mH,$L_2 = 9$ mH,试求:

(1) 若 $k = 0.5$,互感 M 为多少?

(2) 若 $M = 4$ mH,耦合系数 k 为多少?

(3) 若两线圈为全耦合,互感 M 为多少?

6.12 有一理想变压器,已知原边电压 $U_1 = 220$ V,其匝数 $N_1 = 440$,输出电压为 $U_2 = 12$ V,则副边绕组的匝数 N_2 为多少?

6.13 一台单相变压器,额定电压为 220 V/36 V,已知原边的匝数为 1100 匝,在忽略空载电流和漏阻抗的情况下,若在副边接一盏 36 V、100 W 的白炽灯,求原边的电流是多少?

6.14 一台晶体管收音机,使用阻抗为 4 Ω 的扬声器,输出变压器的一次绕组为 $N_1 = 250$ 匝,二次绕组 $N_2 = 60$ 匝。现改接为 8 Ω 的扬声器,若一次绕组的匝数不变,要使阻抗匹配,问二次绕组的匝数应该怎么改变?

6.15 有一 6000 V/230 V 的单相变压器,其铁芯截面积 $S = 150$ cm²,磁感应强度最大值 $B_m = 1.2$ T。当高压绕组接在 $f = 50$ Hz 交流电源上时,求原、副绕组的匝数各为多少?

6.16 已知某机修照明变压器的一次绕组额定电压为 220 V,二次绕组额定电压为 36 V,一次绕组的匝数为 4400 匝,试求该变压器的变压比和二次绕组的匝数。

6.17 一台降压变压器,一次绕组接到 4400 V 的交流电源上,二次绕组电压为 220 V,试求变压比。若原绕组匝数 $N_1 = 3300$ 匝,试求二次绕组匝数 N_2;若电源电压减小到 3300 V,为使二次绕组电压保持不变,试问一次绕组匝数调整为多少?

6.18 某电力变压器,容量为 160 kV·A,一次绕组额定电压为 10 kV,二次绕组额定电压为 400 V,问该变压器的变压比是多少?

6.19 某车间有一台单相照明变压器,容量为 10 kV·A,一、二次侧电压分别为 3300 V、220 V,当变压器在额定状态下运行时,问可以安装多少只 220 V、60 W 的白炽灯? 一、二次绕组的额定电流为多少?

6.20 单相变压器的一次绕组电压 $U_1 = 3000$ V,二次绕组电压 $U_2 = 220$ V,若在二次绕组中接入一台额定电压为 220 V、功率为 25 kW 的电阻炉,则该变压器的一、二次绕组的电流各为多少?

6.21 有一台晶体管收音机的输出端要求最佳负载阻抗为 800 Ω,即可输出最大功率。现负载阻抗为 8 Ω 的扬声器,问输出变压器采用多大的变比?

6.22 有一信号电源,输出电压 2.4 V,内阻为 600 Ω,欲使负载获得最大功率,必须在电源和负载之间接一匹配变压器,若此时负载电阻的电流为 4 mA,问负载电阻为多少?

6.23 有一台 220 V/110 V 的变压器,$N_1 = 2000$ 匝,$N_2 = 1000$ 匝,有人想节省铜线,将匝数减为 400 匝和 200 匝,是否可行?

第7章 动态电路的时域分析

前面各章所分析的都是线性电路的稳态。含动态元件(即储能元件)的线性电路也叫动态电路,动态电路达到稳态前一般要经历一个过渡过程。含有一个(或可等效为一个)储能元件的动态电路叫做一阶电路。本章着重分析一阶电路的过渡过程,介绍其过渡过程中电压、电流随时间的变化规律及其计算方法。

7.1 换路定律

7.1.1 过渡过程的概念

过渡过程是自然界各种事物的运动中普遍存在的现象。停在站内的火车速度为零,是一种稳定状态;若其驶出车站后,在某区间内以一定速度匀速直线行驶,则是另一种稳定状态。火车从前一种稳定状态到后一种稳定状态,需经历一个加速行驶的过程,这就是过渡过程。含有电感或电容的电路若发生换路——电路的接通或切断、激励或参数的突变等,则电路将从换路前的稳定状态经历一段时间达到另一新的稳定状态。电路从一种稳定状态到另一种稳定状态之间的过程,即为电路的过渡过程。

电路的过渡过程一般历时很短,故也称为暂态过程;而电路的稳定状态则简称为稳态。暂态过程虽然短暂,却是不容忽视的。脉冲数字技术中,电路的工作状态主要是暂态;而在电力系统中,过渡过程产生的瞬间过电压或过电流,则可能危及设备甚至人身安全,必须采取措施加以预防。

7.1.2 换路定律

含储能元件的电路换路后之所以会发生过渡过程,是由储能元件的能量不能跃变所决定的。电容元件和电感元件都是储能元件。实际电路中电容和电感的储能都只能连续变化,这是因为实际电路所提供的功率只能是有限值。如果它们的储能发生跃变,则意味着功率

$$p = \frac{\mathrm{d}w}{\mathrm{d}t} \to \infty$$

即电路须向它们提供无限大的功率,这实际上是办不到的。

电容元件储存的能量

$$w_C = \frac{1}{2} C u_C^2 \tag{7.1.1}$$

电感元件储存的能量

$$w_L = \frac{1}{2} L i_L^2 \tag{7.1.2}$$

由于储能不能跃变,因此电容电压不能跃变,电感电流也不能跃变。这一规律从储能元件的电

压电流关系也可以看出。电容元件的电压电流关系为

$$i_C = C \frac{du_C}{dt}$$

实际电路中电容元件的电流 i_C 为有限值,即电压的变化率 $\frac{du_C}{dt}$ 为有限值,故电压 u_C 的变化是连续的。电感元件的电压电流关系为

$$u_L = L \frac{di_L}{dt}$$

实际电路中电感元件的电压 u_L 为有限值,即电流的变化率 $\frac{di_L}{dt}$ 为有限值,故电流 i_L 的变化是连续的。

实际电路中 u_C、i_L 的这一规律适合于任一时刻,当然也适合于换路瞬间,即换路瞬间电容电压不能跃变,电感电流不能跃变,这就是换路定律。设 $t=0$ 瞬间发生换路,则换路定律可用数学式表示为

$$u_C(0_+) = u_C(0_-)$$
$$i_L(0_+) = i_L(0_-) \tag{7.1.3}$$

其中,0_- 表示 t 从负值趋于零的极限,即换路前的最后瞬间;0_+ 则表示 t 从正值趋于零的极限,即换路后的最初瞬间。式(7.1.3)在数学上表示函数 $u_C(t)$ 和 $i_L(t)$ 在 $t=0$ 的左极限和右极限相等,即它们在 $t=0$ 连续。

7.1.3 初始值的计算

电路的过渡过程是从换路后的最初瞬间即 $t=0_+$ 开始的,电路中各电压、电流在 $t=0_+$ 的瞬时值是过渡过程中各电压、电流的初始值。对过渡过程的分析往往首先计算电路中各电压、电流的初始值。下面先看一个计算初始值的例子。

【例 7.1.1】 图 7.1.1(a)所示电路中,$U_S = 10$ V,$R_1 = 15$ Ω,$R_2 = 5$ Ω,开关 S 断开前电路处于稳态。求 S 断开后电路中各电压、电流的初始值。

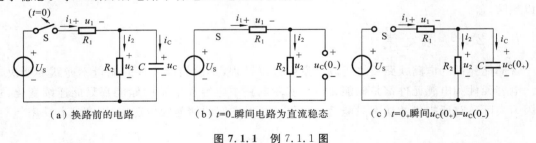

(a) 换路前的电路　　　　(b) $t=0_-$ 瞬间电路为直流稳态　　　　(c) $t=0_+$ 瞬间 $u_C(0_+)=u_C(0_-)$

图 7.1.1 例 7.1.1 图

解 设开关 S 在 $t=0$ 瞬间断开,即 $t=0$ 时发生换路。换路前电路为直流稳态,电容 C 相当于开路,如图 7.1.1(b)所示,有

$$u_C(0_-) = u_2(0_-) = \frac{R_2}{R_1+R_2} U_S = \frac{5}{15+5} \times 10 \text{ V} = 2.5 \text{ V}$$

换路后的电路如图 7.1.1(c)所示。根据换路定律,换路后的最初瞬间

$$u_C(0_+) = u_C(0_-) = 2.5 \text{ V}$$

电阻 R_2 与电容 C 并联,故 R_2 的电压

$$u_2(0_+) = u_C(0_-) = 2.5 \text{ V}$$

R_2 的电流为

$$i_2(0_+)=\frac{u_2(0_+)}{R_2}=\frac{2.5}{5}\text{ A}=0.5\text{ A}$$

由于 S 已断开，根据 KCL 得

$$i_1(0_+)=0$$

$$i_C(0_+)=i_1(0_+)-i_2(0_+)=(0-0.5)\text{ A}=-0.5\text{ A}$$

从上例可归纳计算初始值的步骤如下：

（1）根据换路前的电路求 $t=0_-$ 瞬间的电容电压 $u_C(0_-)$ 或电感电流 $i_L(0_-)$。若换路前电路为直流稳态，则电容相当于开路，电感相当于短路。

注意：除 $u_C(0_-)$、$i_L(0_-)$ 以外，其他电压、电流在 $t=0$ 瞬间可能跃变（读者可自行验证），因而计算它们在 $t=0_-$ 的瞬时值对分析过渡过程是毫无价值的。

（2）根据换路定律，换路后电容电压和电感电流的初始值分别等于它们在 $t=0_-$ 的瞬时值，即

$$u_C(0_+)=u_C(0_-)$$

$$i_L(0_+)=i_L(0_-)$$

电容电压、电感电流的初始值反映电路的初始储能状态，简称为（电路的）初始状态。

（3）以初始状态即电容电压、电感电流的初始值为已知条件，根据换路后（$t=0_+$）的电路进一步计算其他电压、电流的初始值。

【例 7.1.2】　图 7.1.2(a)所示电路中，$U_S=12\text{ V}$，$R_1=4\text{ }\Omega$，$R_3=8\text{ }\Omega$，求开关 S 闭合后电感电压及各电流的初始值。

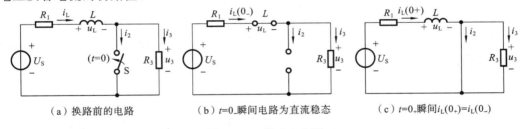

（a）换路前的电路　　　（b）$t=0_-$ 瞬间电路为直流稳态　　　（c）$t=0_+$ 瞬间 $i_L(0_+)=i_L(0_-)$

图 7.1.2　例 7.1.2 图

解　开关闭合前电路为直流稳态，电感相当于短路，如图 7.1.2(b)所示。由图 7.1.2(b)图电路不难求得

$$i_L(0_-)=\frac{U_S}{R_1+R_3}=\frac{12}{4+8}\text{ A}=1\text{ A}$$

换路后的电路如图 7.1.2(c)所示。根据换路定律，开关 S 闭合后电感电流的初始值为

$$i_L(0_+)=i_L(0_-)=1\text{ A}$$

由于 S 闭合将电阻 R_3 短路，所以

$$u_3(0_+)=0$$

$$i_3(0_+)=\frac{u_3(0_+)}{R_3}=0$$

由 KCL 得

$$i_2(0_+)=i_L(0_+)-i_3(0_+)=(1-0)\text{ A}=1\text{ A}$$

由 KVL 得

$$u_L(0_+) = U_S - R_1 \cdot i_L(0_+) = (12 - 4 \times 1) \text{ V} = 8 \text{ V}$$

练习与思考

7.1.1 简述电感和电容在直流稳态中的工作状态。

7.1.2 什么叫独立初始值,什么叫非独立初始值,为什么说电容上端电压和电感上的电流是独立初始值。

7.1.3 如图 7.1.3 所示电路中,试求开关 S 断开后的 $u_C(0_+)$、$i_C(0_+)$ 及 $u_L(0_+)$ 和 $i_L(0_+)$ (已知 S 断开前电路处于稳态)。

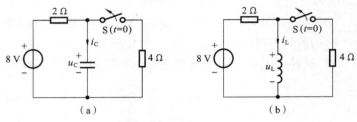

图 7.1.3 题 7.1.3 图

7.2 一阶电路的零输入响应

电容元件的电流与其电压的变化率成正比,电感元件的电压则与其电流的变化率成正比,因而储能元件也称为动态元件。由于动态元件的电压电流关系是微分关系,所以,含动态元件的电路即动态电路的 KCL、KVL 方程都是微分方程。只含一个动态元件的电路只需用一阶微分方程来描述,故称为一阶电路。一阶电路在没有输入激励的情况下,仅由电路的初始状态(初始时刻的储能)所引起的响应,称为零输入响应。

7.2.1 RC 电路的零输入响应

如图 7.2.1(a)所示电路,换路前电容已被充电至电压 $u_C(0_-) = U_0$,储存的电场能量为 $W_C = \dfrac{1}{2}CU_0^2$。$t=0$ 瞬间将开关 S 从 a 换接至 b 后,电压源被短路代替,输入跃变为零,电路进入电容 C 通过电阻 R 放电的过渡过程。换路后的电路如图 7.2.1(b)所示,电容电压的初始值根据换路定律为 $u_C(0_+) = u_C(0_-) = U_0$,而电流 i 则从换路前的 0 跃变为 $i(0_+) = -\dfrac{U_0}{R}$。放电过程中,电容的电压逐渐降低,其储存的能量逐渐释放,放电电流逐渐减小,最终电压降为零,其储能全部释放,放电电流也减小到零,放电过程结束。下面分析放电过程中电压、电流随时间的变化规律,即电路的零输入响应。

1. 电压、电流的变化规律

对图 7.2.1(b)所示换路后的电路,由 KVL 得

$$u_C + Ri = 0$$

以 $i = C\dfrac{\mathrm{d}u_C}{\mathrm{d}t}$ 代入上式得

$$RC\frac{\mathrm{d}u_C}{\mathrm{d}t} + u_C = 0 \tag{7.2.1}$$

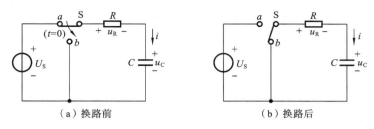

图 7.2.1　RC 电路的放电过程

所以

$$u_C = U_0 e^{-\frac{t}{RC}}$$

上式即放电过程中电容电压的变化规律。电阻电压和放电电流则分别为

$$u_R = -u_C = -U_0 e^{-\frac{t}{RC}}$$

$$i = \frac{u_R}{R} = -\frac{U_0}{R} e^{-\frac{t}{RC}}$$

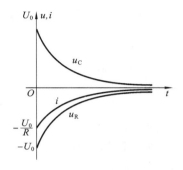

图 7.2.2　RC 电路的零输入响应

式中的负号说明电阻电压 u_R 和放电电流 i 的实际方向与图示的参考方向相反。u_C、u_R 和 i 随时间变化的曲线如图 7.2.2所示。从以上结果可见,电容通过电阻放电的过程中,u_C、$|u_R|$、$|i|$ 均随时间按指数函数的规律衰减。

2. 时间常数

令 $\tau = RC$,则 u_C、u_R、i 可分别表示为

$$u_C = U_0 e^{-\frac{t}{\tau}} \tag{7.2.2}$$

$$u_R = -U_0 e^{-\frac{t}{\tau}} \tag{7.2.3}$$

$$i = -\frac{U_0}{R} e^{-\frac{t}{\tau}} \tag{7.2.4}$$

对于已知 R、C 参数的电路来说,$\tau = RC$ 是一个仅取决于电路参数的常数。τ 的单位为

$$[\tau] = [R] \cdot [C] = \Omega(\text{欧}) \times F(\text{法}) = \frac{V(\text{伏})}{A(\text{安})} \cdot \frac{C(\text{库})}{V(\text{伏})} = s(\text{秒})$$

由于 τ 具有时间的单位,故称为时间常数。

时间常数 τ 的大小决定放电过程中电压、电流衰减的快慢。以电容电压为例,u_C 随时间衰减的情况如表 7.2.1 所示。

表 7.2.1　放电过程中电容电压随时间而衰减的情况

t	τ	2τ	3τ	4τ	5τ
$e^{-\frac{t}{\tau}}$	0.368	0.135	0.05	0.018	0.007
u_C	$0.368U_0$	$0.135U_0$	$0.05U_0$	$0.018U_0$	$0.007U_0$

从表中可以看出,$t = \tau$ 时电容电压降至初始值的 36.8%。图 7.2.3 则表明,放电过程中,电容电压和放电电流衰减至初始值的 36.8%所需的时间都等于时间常数 τ。这一时间越长,放电进行得越慢;反之,放电进行得越快。

从理论上说,$t \to \infty$ 电容电压才衰减为零;实际上 $t = 5\tau$ 时,电容电压已衰减至初始值的 0.7%,足以认为电路已经达到新的稳态。

当 $t=0_+$ 时,由式(7.2.2)~式(7.2.4)可得

$$u_C(0_+)=U_0, \quad u_R(0_+)=-U_0, \quad i(0_+)=-\frac{U_0}{R}$$

故 RC 电路的零输入响应可表示成一般形式

$$f(t)=f(0_+)e^{-\frac{t}{\tau}} \tag{7.2.5}$$

其中,$f(t)$ 表示 RC 电路的任一零输入响应,而 $f(0_+)$ 则表示该响应的初始值。

3. 放电过程中的能量

如前所述,电路的初始储能为

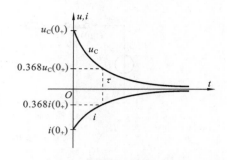

图 7.2.3 时间常数与放电快慢的示意图

$$w_C(0_+)=\frac{1}{2}CU_0^2$$

放电过程中电阻消耗的能量为

$$w_R=\int_0^\infty i^2 R dt = \int_0^\infty \frac{U_0^2}{R}e^{-\frac{2t}{\tau}}dt = -\frac{RC}{2}\cdot\frac{U_0^2}{R}e^{-\frac{2t}{\tau}}\bigg|_0^\infty = \frac{1}{2}CU_0^2$$

可见,整个放电过程中电阻消耗的能量就是电容的初始储能。

【例 7.2.1】 图 7.2.1 所示电路中,开关 S 闭合于 a 位为时已久。已知 $U_S=10$ V,$R=5$ kΩ,$C=3$ μF。$t=0$ 瞬间,开关 S 从 a 换接至 b,求:

(1)换路后 $u_C(t)$ 的表示式,并绘出变化曲线;

(2)换路后 15 ms 及 75 ms 时的电容电压值。

解 电压、电流的参考方向如图 7.2.1 所示。

(1)换路前电路已达稳态,电容电压

$$u_C(0_-)=U_S=10 \text{ V}$$

根据换路定律,电容电压的初始值

$$u_C(0_+)=u_C(0_-)=10 \text{ V}$$

电路的时间常数

$$\tau=RC=5\times10^3\times3\times10^{-6} \text{ s}=15 \text{ ms}$$

由式(7.2.5)得换路后的电容电压

$$u_C(t)=u_C(0_+)e^{-\frac{t}{\tau}}=10e^{-\frac{t}{15\times10^{-3}}} \text{ V}$$

其变化曲线如图 7.2.4 所示。

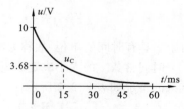

图 7.2.4 例 7.2.1 图

(2)当 $t=15$ ms 即 $t=\tau$ 时,

$$u_C=10e^{-1} \text{ V}=3.68 \text{ V}$$

当 $t=75$ ms 即 $t=5\tau$ 时,

$$u_C=10e^{-5} \text{ V}=0.07 \text{ V}$$

【例 7.2.2】 某高压电路中有一 40 μF 的电容器,断电前已充电至电压 $u_C(0_-)=3.5$ kV。断电后电容器经本身的漏电阻放电。若电容器的漏电阻 $R=100$ MΩ,1 小时后电容器的电压降至多少?若电路需要检修,应采取什么安全措施?

解 由题意知电容电压的初始值

$$u_C(0_+)=u_C(0_-)=3.5\times10^3 \text{ V}$$

放电时间常数

$$\tau=RC=100\times10^6\times40\times10^{-6} \text{ s}=4000 \text{ s}$$

当 $t = 1\ \text{h} = 60 \times 60\ \text{s} = 3600\ \text{s}$ 时,

$$u_C = 3.5\mathrm{e}^{-\frac{3600}{4000}} \times 10^3\ \text{V} = 3.5\ \mathrm{e}^{-0.9} \times 10^3\ \text{V} = 1423\ \text{V}$$

可见,断电 1 小时后,电容器仍有很高的电压。为安全起见,需待电容器充分放电后才能进行线路检修。为缩短电容器的放电时间,可用一阻值较小的电阻并联于电容器两端以加速放电过程。

7.2.2　RL 电路的零输入响应

图 7.2.5(a)所示电路中,开关 S 原闭合于 a 位,电路已达稳态,电流 $i_L = \dfrac{U_S}{R} = I_0$,电感元件储存的磁场能量为 $W_L = \dfrac{1}{2}LI_0^2$。$t = 0$ 瞬间将开关 S 从 a 换接至 b 后,电压源被短路代替,输入跃变为零,电路进入过渡过程。过渡过程中的电压、电流即是电路的零输入响应。

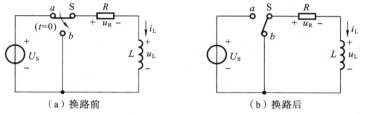

（a）换路前　　　　　　　　（b）换路后

图 7.2.5　RL 电路换路

对图 7.2.5(b)所示换路后的电路列出 KVL 方程,即

$$Ri_L + u_L = 0$$

以 $u_L = L\dfrac{\mathrm{d}i_L}{\mathrm{d}t}$ 代入后得

$$Ri_L + L\frac{\mathrm{d}i_L}{\mathrm{d}t} = 0$$

即

$$\frac{L}{R}\frac{\mathrm{d}i_L}{\mathrm{d}t} + i_L = 0 \qquad\qquad (7.2.6)$$

所以

$$i_L = I_0\mathrm{e}^{-\frac{Rt}{L}}$$

令 $\tau = \dfrac{L}{R}$,则

$$i_L = I_0\mathrm{e}^{-\frac{t}{\tau}}$$

$\tau = \dfrac{L}{R}$ 为 RL 电路的时间常数,其意义及单位与 RC 电路的时间常数相同。τ 的大小也同样决定 RL 电路过渡过程的快慢。

电阻元件和电感元件的电压分别为

$$u_R = Ri_L = RI_0\mathrm{e}^{-\frac{t}{\tau}} \qquad\qquad (7.2.7)$$

$$u_L = -u_R = -RI_0\mathrm{e}^{-\frac{t}{\tau}} \qquad\qquad (7.2.8)$$

电压、电流随时间变化的曲线如图 7.2.6 所示。

显然,式(7.2.5)即

$$f(t) = f(0_+)\mathrm{e}^{-\frac{t}{\tau}}$$

也同样适合于 RL 电路的零输入响应。

如前所述,电路的初始储能为

$$W_L = \frac{1}{2}LI_0^2$$

放电过程中电阻消耗的能量为

$$W_R = \int_0^{\infty} i^2 R\mathrm{d}t = \int_0^{\infty} I_0^2 \mathrm{e}^{-\frac{2t}{\tau}}\mathrm{d}t = -\frac{\tau R}{2}I_0^2 \mathrm{e}^{-\frac{2t}{\tau}}\Big|_0^{\infty} = -\frac{1}{2}LI_0^2$$

　　由于电感电流不能跃变,因此,换路后虽然输入跃变为零,但电流却以逐渐减小的方式继续存在。电感电压则因电流 i_L 减小 $\left(\dfrac{\mathrm{d}i_L}{\mathrm{d}t}<0\right)$ 而与电流反向(为负值)。电感的储能随电流减小而逐渐释放,并为电阻所消耗。当电流减小到零时,电感储存的磁场能量全部释放,过渡过程结束。可见,R、L 短接后的过渡过程就是电感元件释放储存的磁场能量的过程。

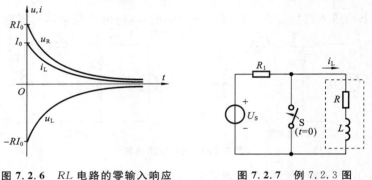

图 7.2.6　RL 电路的零输入响应　　　　图 7.2.7　例 7.2.3 图

　　【例 7.2.3】　电路如图 7.2.7 所示,继电器线圈的电阻 $R=250\ \Omega$,吸合时其电感值 $L=25\ \mathrm{H}$。已知电阻 $R_1=230\ \Omega$,电源电压 $U_\mathrm{s}=24\ \mathrm{V}$。若继电器的释放电流为 4 mA,求开关 S 闭合后多长时间继电器能够释放?

　　解　换路前继电器的电流

$$i_L(0_-) = I_0 = \frac{U_\mathrm{s}}{R+R_1} = \frac{24}{250+230}\ \mathrm{A} = 0.05\ \mathrm{A}$$

换路后电感电流的初始值

$$i_L(0_+) = i_L(0_-) = 0.05\ \mathrm{A}$$

电路的时间常数

$$\tau = \frac{L}{R} = \frac{25}{250}\ \mathrm{s} = 0.1\ \mathrm{s}$$

由式(7.2.5)得

$$i_L(t) = i_L(0_+)\mathrm{e}^{-\frac{t}{\tau}} = 0.05\mathrm{e}^{-\frac{t}{0.1}} = 0.05\mathrm{e}^{-10t}\ \mathrm{A}$$

　　继电器开始释放时,电流 i_L 等于释放电流,即

$$0.05\mathrm{e}^{-10t} = 4\times 10^{-3}$$

由上式得

$$\mathrm{e}^{10t} = \frac{0.05}{0.004} = 12.5$$

所以

$$t = \frac{\ln 12.5}{10}\ \mathrm{s} \approx 0.25\ \mathrm{s}$$

即开关 S 闭合后 0.25 s，继电器开始释放。

练习与思考

7.2.1　如图 7.2.8 所示，试求电路换路后的时间常数 τ。

7.2.2　如果将图 7.2.8 所示电路中的电容 C 用电感 L 代替，再求电路换路后的时间常数 τ。

7.2.3　试求图 7.2.8(b)所示电路中的电容 C 上的电压表达式。

7.2.4　将图 7.2.8(b)所示电路中的电容 C 用电感 L 代替，写出电感上的电流表达式。

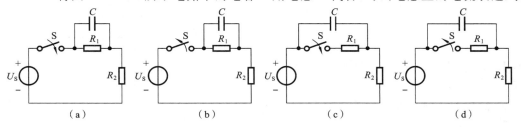

图 7.2.8　题 7.2.1 图

7.3　一阶电路的零状态响应

如果换路前电路中的储能元件均未储能，即电路的初始状态为零，换路瞬间电路接通直流激励，则换路后由外施激励在电路中引起的响应称为零状态响应。

7.3.1　RC 电路的零状态响应

图 7.3.1(a)所示电路中，开关 S 原闭合于 b 位已久，电容已充分放电，电压 $u_C(0_-)=0$。$t=0$ 瞬间将开关 S 从 b 换接至 a，接通直流电压源 U_S，此后电路进入 U_S 通过电阻 R 向电容 C 充电的过渡过程。过渡过程中的电压、电流即为直流激励下 RC 电路的零状态响应。

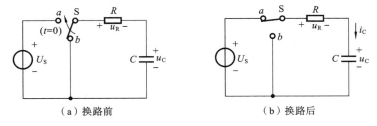

图 7.3.1　RC 电路接通直流激励

对图 7.3.1(b)所示换路后的电路，由 KVL 得

$$u_C + Ri_C = U_S$$

以 $i_C = C\dfrac{\mathrm{d}u_C}{\mathrm{d}t}$ 代入上式得

$$RC\frac{\mathrm{d}u_C}{\mathrm{d}t} + u_C = U_S \tag{7.3.1}$$

故得充电过程中的电容电压

$$u_C(t) = U_S - U_S \mathrm{e}^{-\frac{t}{\tau}} = U_S(1 - \mathrm{e}^{-\frac{t}{\tau}}) \tag{7.3.2}$$

式(7.3.3)表明,充电过程中的电容电压 $u_C(t)$ 由两个分量组成。其中,$-U_S e^{-\frac{t}{\tau}}$ 称为暂态分量,因为 $t \to \infty$ 时 $-U_S e^{-\frac{t}{\tau}} = -U_S e^{-\infty} = 0$,说明该分量仅存在于过渡过程中;而 U_S 则称为稳态分量,当 $t \to \infty$,电路达到新的稳态时,暂态分量衰减为零,电容电压即等于这一分量,即 $u_C(\infty) = U_S$,所以稳态分量就是电容电压的稳态值。电容电压的零状态响应可用其稳态值表示为

$$u_C(t) = u_C(\infty)(1 - e^{-\frac{t}{\tau}}) \qquad (7.3.3)$$

进一步不难得到电阻两端电压和充电电流分别为

$$u_R(t) = U_S - u_C = U_S e^{-\frac{t}{\tau}} \qquad (7.3.4)$$

$$i_C(t) = \frac{u_R}{R} = \frac{U_S}{R} e^{-\frac{t}{\tau}} \qquad (7.3.5)$$

电阻电压和充电电流均只含暂态分量,它们的稳态分量都等于零。

显然,电阻电压和充电电流的零状态响应与电容电压的零状态响应变化规律不同。

式(7.3.2)、式(7.3.3)和式(7.3.4)中的 $\tau = RC$ 为电路的时间常数,当 $t = \tau$ 时,电容电压

$$u_C(\tau) = U_S(1 - e^{-1}) = 0.632 U_S$$

可见,τ 在数值上等于电容电压充电至稳态值的63.2%所需的时间。和放电时一样,充电过程进行的快慢也取决于时间常数 τ,即取决于电阻 R 和电容 C 的乘积。

过渡过程中 u_C、u_R 和 i_C 随时间变化的曲线如图 7.3.2 所示。和放电时一样,充电过程中的响应也都是时间的指数函数。只是其中电容电压的变化是从零初始值按指数规律上升到非零稳态值,而电阻电压和充电电流都在换路瞬间从零一跃而为非零初始值(最大),而后按指数规律下降到零稳态值。从理论上说,$t \to \infty$ 时电容电压才升至稳态值,同时充电电流降至零,充电过程结束。实际上 $t = 5\tau$ 时,

$$u_C(5\tau) = U_S(1 - 0.007) = 0.993 U_S$$

电容电压已充电至稳态值的 99.3%,可以认为充电过程到此基本结束。

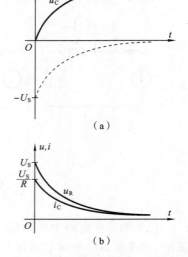

图 7.3.2　RC 电路的零状态响应

【例 7.3.1】 图 7.3.3(a)所示电路中 $I_S = 1\ A$,$R = 10\ \Omega$,$C = 10\ \mu F$,换路前开关 S 是闭合的。$t = 0$ 瞬间 S 断开,求 S 断开后电容两端的电压 u_C、电流 i_C 和电阻的电压 u_R,并绘出电压、电流的变化曲线。

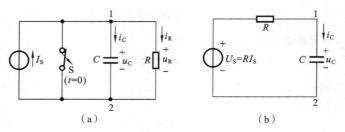

图 7.3.3　例 7.3.1 图

解　换路前电容被开关短路,$u_C(0_-) = 0$,所以换路后电路的初始状态为零,即

$$u_C(0_+)=u_C(0_-)=0$$

换路后的电路可等效变换成图 7.3.3(b)所示电路。

电路的时间常数

$$\tau=RC=10\times10\times10^{-6}\ \text{s}=10^{-4}\ \text{s}=100\ \mu\text{s}$$

等效电路中的电压源电压就是换路后电容电压的稳态值,即

$$u_C(\infty)=U_S=I_SR=1\times10\ \text{V}=10\ \text{V}$$

由式(7.3.3)得

$$u_C=u_C(\infty)(1-e^{-\frac{t}{\tau}})=10(1-e^{-\frac{t}{10^{-4}}})=10(1-e^{-10^4t})\ (\text{V})$$

由式(7.3.5)得

$$i_C=\frac{U_S}{R}e^{-\frac{t}{\tau}}=\frac{10}{10}e^{\frac{-t}{10^{-4}}}=1e^{-10^4t}(\text{A})$$

或

$$i_C=C\frac{du_C}{dt}=10\times10^{-6}\times(-10e^{-10^4t})\times(-10^4)=1e^{-10^4t}(\text{A})$$

原电路中电阻 R 与电容 C 并联,故电阻电压

$$u_R=u_C=10(1-e^{-10^4t})\ (\text{V})$$

电压、电流的变化曲线如图 7.3.4 所示。

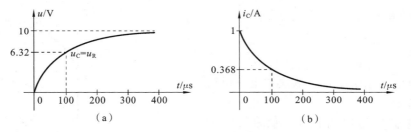

图 7.3.4　例 7.3.1 电路的零状态响应

7.3.2　RL 电路的零状态响应

图 7.3.5(a)所示电路中,开关 S 未闭合时,电流为零。$t=0$ 瞬间合上开关 S,RL 串联电路与直流电压源 U_S 接通后,电路进入过渡过程。过渡过程中的电压、电流即为直流激励下 RL 电路的零状态响应。

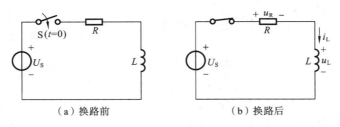

图 7.3.5　RL 电路接通直流激励

对图 7.3.5(b)所示换路后的电路,由 KVL 得

$$u_L+Ri_L=U_S$$

以 $u_L = L\dfrac{\mathrm{d}i_L}{\mathrm{d}t}$ 代入上式得

$$L\frac{\mathrm{d}i_L}{\mathrm{d}t} + Ri_L = U_s$$

$$\frac{L}{R}\frac{\mathrm{d}i_L}{\mathrm{d}t} + i_L = \frac{U_s}{R} \tag{7.3.6}$$

所以

$$i_L = \frac{U_s}{R} - \frac{U_s}{R}\mathrm{e}^{-\frac{t}{\tau}} = \frac{U_s}{R}(1 - \mathrm{e}^{-\frac{t}{\tau}}) \tag{7.3.7}$$

与 RC 电路中电容电压的零状态响应一样,RL 电路中电感电流的零状态响应也由稳态分量和暂态分量组成。当 $t\to\infty$ 电路达新的稳态时,电感电流的稳态值

$$i_L(\infty) = \frac{U_s}{R}(1 - \mathrm{e}^{-\frac{\infty}{\tau}}) = \frac{U_s}{R}$$

故电感电流的零状态响应也可用其稳态值表示为

$$i_L(t) = i_L(\infty)(1 - \mathrm{e}^{-\frac{t}{\tau}}) \tag{7.3.8}$$

可见,电感电流的零状态响应与电容电压的零状态响应具有相同的变化规律,因此,可用下面的通式来表示它们:

$$f(t) = f(\infty)(1 - \mathrm{e}^{-\frac{t}{\tau}}) \tag{7.3.9}$$

电阻元件和电感元件的电压分别为

$$u_R = Ri_L = U_s(1 - \mathrm{e}^{-\frac{t}{\tau}}) \tag{7.3.10}$$

$$u_L = U_s - u_R = U_s\mathrm{e}^{-\frac{t}{\tau}} \tag{7.3.11}$$

显然,电感电压的零状态响应与电感电流的零状态响应变化规律不同。

电压、电流随时间变化的曲线如图 7.3.6 所示。

由于电感电流不能跃变,因此,换路后 i_L 和电阻电压 $u_R = Ri_L$ 都只能从零初始值按指数规律上升到非零稳态值;而电感电压 u_L 在换路瞬间则从零一跃而为非零初始值(最大),而后按指数规律下降到零稳态值。

注意:式(7.3.9)只能用来计算电容电压或电感电流的零状态响应。其他的零状态响应只能在求出 $u_C(t)$ 或 $i_L(t)$ 后,再根据元件的 VCR 和基尔霍夫定律计算。这是因为,除了电容电压和电感电流以外,其他电压、电流在换路瞬间有可能跃变。

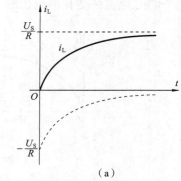

(a)

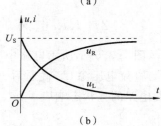

(b)

图 7.3.6　RL 电路的零状态响应

【例 7.3.2】　图 7.3.5 所示电路中,$U_s = 18\ \text{V}$,$R = 500\ \Omega$,$L = 5\ \text{H}$。求开关 S 闭合后

(1)稳态电流 $i_L(\infty)$ 及 i_L、u_L 的变化规律;

(2)电流增至 $i_L(\infty)$ 的 63.2% 所需的时间;

(3)电路储存磁场能量的最大值。

解　(1)电路的时间常数

$$\tau = \frac{L}{R} = \frac{5}{500}\ \text{s} = 10^{-2}\ \text{s} = 10\ \text{ms}$$

电路达稳态时电流

$$i_L(\infty) = \frac{U_s}{R} = \frac{18}{500}\ A = 0.036\ A = 36\ mA$$

由式(7.3.8)得

$$i_L(t) = i_L(\infty)(1 - e^{-\frac{t}{\tau}}) = 0.036(1 - e^{-\frac{t}{10^{-2}}})$$
$$= 0.036(1 - e^{-100t})(A) = 36(1 - e^{-100t})\ (mA)$$

由式(7.3.11)得 $\qquad u_L = U_s e^{-\frac{t}{\tau}} = 18 e^{-\frac{t}{10^{-2}}} = 18 e^{-100t}(V)$

(2) 当 $i_L = 0.632 i_L(\infty)$ 时

$$36(1 - e^{-\frac{t}{10^{-2}}}) = 36 \times 0.632$$

故得

$$t = \tau = 10^{-2}\ s = 10\ ms$$

即换路后 10 ms 电流即增至稳态值的 63.2%。

(3) 因为电路中的电流达稳态时最大,所以电感储存的最大磁场能量为

$$w_{Lmax} = \frac{1}{2}L i^2(\infty) = \frac{1}{2} \times 5 \times 0.036^2\ J = 0.003\ J$$

练习与思考

7.3.1 试求图 7.3.7 所示电路中的电容 C 上的电压表达式。

7.3.2 将图 7.3.7 所示电路中的电容 C 用电感 L 代替,写出电感上的电流表达式。

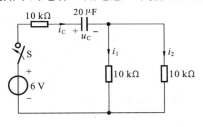

图 7.3.7 题 7.3.1 图

7.4 一阶电路的全响应

本节讨论一阶电路的全响应,即一阶电路在非零初始状态和外施直流激励共同作用下的响应。

7.4.1 一阶电路的全响应

图 7.4.1 所示电路中,开关 S 闭合前电容已充电至电压 $u_C(0_-) = U_0$。$t = 0$ 瞬间合上开关后,电路的 KVL 方程为

$$RC\frac{du_C}{dt} + u_C = U_s$$

上式与式(7.3.1)完全相同,故方程的完全解为

$$u_C = u_{Cp} + u_{Ch} = U_s + A e^{-\frac{t}{\tau}}$$

电路的初始状态

$$u_C(0_+) = u_C(0_-) = U_0$$

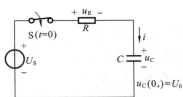

图 7.4.1 RC 电路接通直流激励

代入上式,求得积分常数

$$A = U_0 - U_S$$

故得电容电压的全响应

$$u_C(t) = U_S + (U_0 - U_S)e^{-\frac{t}{\tau}} \tag{7.4.1}$$

式(7.4.1)中,$(U_0-U_S)e^{-\frac{t}{\tau}}$为暂态分量,$t \to \infty$时$(U_0-U_S)e^{-\frac{t}{\tau}}=(U_0-U_S)e^{-\infty}=0$,说明该项仅存在于过渡过程中;而$U_S$则为稳态分量,当$t \to \infty$,电路达到新的稳态时,暂态分量衰减为零,电容电压即等于这一分量,即$u_C(\infty)=U_S$。式(7.4.1)说明

$$全响应 = 稳态分量 + 暂态分量$$

其中,稳态响应与外施激励有关,当激励为恒定量(直流)时,稳态响应也是恒定量;暂态响应总是时间的指数函数,其变化规律与激励无关。

电阻 R 的电压

$$u_R(t) = U_S - u_C = (U_S - U_0)e^{-\frac{t}{\tau}} \tag{7.4.2}$$

电路中的电流

$$i(t) = \frac{u_R}{R} = \frac{U_S - U_0}{R}e^{-\frac{t}{\tau}} \tag{7.4.3}$$

过渡过程中 u_C、u_R 和 i 随时间变化的曲线如图 7.4.2 所示。

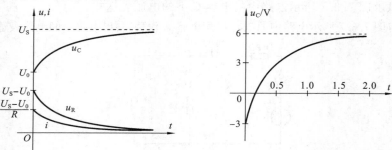

图 7.4.2　RC 电路的全响应

从曲线可看出:由于$U_S > U_0 > 0$,所以,过渡过程中电容电压从初始值按指数规律上升至稳态值,即电容被进一步充电。如果$U_0 > U_S > 0$,或二者一个为正、另一个为负,则过渡过程中电容是充电还是放电呢? 读者可自行分析。

7.4.2　用叠加定理求一阶电路的全响应

式(7.4.1)可改写成如下形式:

$$u_C(t) = U_0 e^{-\frac{t}{\tau}} + U_S(1 - e^{-\frac{t}{\tau}}) \tag{7.4.4}$$

不难发现,上式第一项是 RC 电路的零输入响应,而第二项是零状态响应。可见

$$全响应 = 零输入响应 + 零状态响应$$

这说明:一阶电路的全响应等于由电路的初始状态单独作用所引起的零输入响应和由外施激励单独作用所引起的零状态响应之和。这正是叠加定理的体现。

【例 7.4.1】 图 7.4.3 所示电路中,$U_S = 100$ V,$R_1 = R_2 = 4$ Ω,$L = 4$ H,电路原已处于稳态。$t = 0$ 瞬间开关 S 断开。

(1) 用叠加定理求 S 断开后电路中的电流 i_L;

（2）求电感的电压 u_L；

（3）绘出电流、电压的变化曲线。

解　（1）求过渡过程中的电流 i_L。

① 求零输入响应。

换路前电路已处于稳态，由换路前的电路得

$$i_L(0_-)=\frac{U_S}{R_2}=\frac{100}{4}\text{ A}=25\text{ A}$$

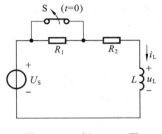

图 7.4.3　例 7.4.1 图

换路后电路的初始状态

$$i_L(0_+)=i_L(0_-)=25\text{ A}$$

换路后电路的时间常数

$$\tau=\frac{L}{R_1+R_2}=\frac{4}{8}\text{ s}=0.5\text{ s}$$

故得电路的零输入响应

$$i'_L(t)=i_L(0_+)\mathrm{e}^{-\frac{t}{\tau}}=25\mathrm{e}^{-2t}$$

② 求零状态响应。

若初始状态为零，则换路后在外施激励作用下电流 i_L 从零按指数规律上升至稳态值

$$i_L(\infty)=\frac{U_S}{R_1+R_2}=\frac{100}{4+4}\text{ A}=12.5\text{ A}$$

故得电路的零状态响应

$$i''_L(t)=i_L(\infty)(1-\mathrm{e}^{-\frac{t}{\tau}})=12.5(1-\mathrm{e}^{-2t})\text{ (A)}$$

③ 全响应

$$i_L(t)=i'_L(t)+i''_L(t)=25\mathrm{e}^{-2t}+12.5(1-\mathrm{e}^{-2t})=12.5(1+\mathrm{e}^{-2t})\text{(A)}$$

（2）求电感电压 u_L。

$$u_L=U_S-(R_1+R_2)i=100-(4+4)\times12.5(1+\mathrm{e}^{-2t})=-100\mathrm{e}^{-2t}\text{ (V)}$$

或

$$u_L=L\frac{\mathrm{d}i_L}{\mathrm{d}t}=4\times12.5\mathrm{e}^{-2t}\times(-2)=-100\mathrm{e}^{-2t}\text{ (V)}$$

（3）电流、电压的变化曲线如图 7.4.4 所示。

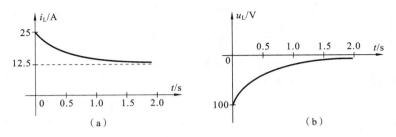

图 7.4.4　例 7.4.1 电路的全响应

练习与思考

7.4.1　如图 7.4.5 所示，试求开关闭合后的稳态值。

7.4.2　如图 7.4.6 所示，试求电路的时间常数。

7.4.3　如图 7.4.7 所示，已知 $R=6\ \Omega$，$C=1\ \text{F}$，$U_S=10\ \text{V}$，$u_C(0_-)=-4\ \text{V}$，开关在 $t=0$

时闭合,求 $t>0$ 时的 $u_C(t)$、$i_C(t)$。

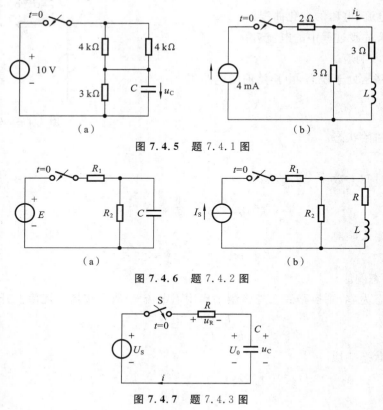

图 7.4.5　题 7.4.1 图

图 7.4.6　题 7.4.2 图

图 7.4.7　题 7.4.3 图

7.5　一阶电路的三要素法

如上节所述,求一阶电路的全响应,可以根据叠加定理分别求出电路的零输入响应和零状态响应,然后加以叠加。但更简便和更常用的计算全响应的方法是一阶电路的三要素法。

7.5.1　一阶电路的三要素法

由上节知,电容电压的全响应等于稳态响应和暂态响应之和,即

$$u_C(t)=U_S+(U_0-U_S)\mathrm{e}^{-\frac{t}{\tau}}$$

上式当 $t=0_+$ 时即为电容电压的初始值

$$u_C(0_+)=U_S+(U_0-U_S)\mathrm{e}^{-\frac{0}{\tau}}=U_0$$

当 $t\to\infty$ 时即为电容电压的稳态值

$$u_C(\infty)=U_S+(U_0-U_S)\mathrm{e}^{-\frac{\infty}{\tau}}=U_S$$

以 $u_C(0_+)$、$u_C(\infty)$ 分别代替上式中的 U_0、U_S 得

$$u_C(t)=u_C(\infty)+[u_C(0_+)-u_C(\infty)]\mathrm{e}^{-\frac{t}{\tau}} \tag{7.5.1}$$

可见,只要求出电容电压的初始值、稳态值和电路的时间常数,即可由式(7.5.1)写出电容电压的全响应。初始值、稳态值和时间常数称为一阶电路的三要素。求出三要素,然后按式(7.5.1)写出全响应的方法称为三要素法。不仅求电容电压可用三要素法,求一阶电路过渡过

程中的其他响应都可以用三要素法。若用 $f(t)$ 表示一阶电路的任一响应，$f(0_+)$、$f(\infty)$ 分别表示该响应的初始值和稳态值，则

$$f(t)=f(\infty)+[f(0_+)-f(\infty)]\mathrm{e}^{-\frac{t}{\tau}} \tag{7.5.2}$$

式(7.5.2)即是用三要素法求一阶电路过渡过程中任一响应的公式。

从式(7.5.2)可见，过渡过程中之所以存在暂态响应，是因为初始值与稳态值之间有差别 $[f(0_+)-f(\infty)]$。暂态响应的作用就是消灭这个差别——使其按指数规律衰减。一旦差别没有了，电路也就达到了新的稳态，响应即为稳态响应 $f(\infty)$。

应用三要素法时，一阶电路中与动态元件联结的可以是一个多元件的线性含源电阻单口，这时，$\tau=RC$ 或 $\tau=\dfrac{L}{R}$ 中的 R 应理解为该含源电阻单口网络的输出电阻。

【例 7.5.1】　电路如图 7.5.1 所示，开关 S 闭合于 a 端为时已久。$t=0$ 瞬间将开关从 a 换接至 b，用三要素法求换路后的电容电压 $u_C(t)$，并绘出其变化曲线。

解　（1）求初始值
由换路前的电路得

$$u_C(0_-)=-\frac{2}{1+2}\times 3 \text{ V}=-2 \text{ V}$$

根据换路定律，有

$$u_C(0_+)=u_C(0_-)=-2 \text{ V}$$

（2）求稳态值
由换路后的电路求稳态值

$$u_C(\infty)=\frac{2}{1+2}\times 6 \text{ V}=4 \text{ V}$$

（3）求时间常数
与电容 C 相联的含源单口网络的输出电阻为

$$R=\frac{1\times 2}{1+2} \text{ k}\Omega=\frac{2}{3} \text{ k}\Omega$$

所以时间常数

$$\tau=RC=\frac{2}{3}\times 3 \text{ ms}=2 \text{ ms}$$

将求出的三要素代入公式(7.5.2)得

$$u_C(t)=4+(-2-4)\mathrm{e}^{-\frac{1}{2\times 10^{-3}}}=4-6\mathrm{e}^{-500t} \text{ V}$$

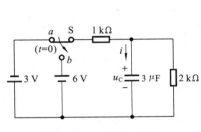

图 7.5.1　例 7.5.1 图

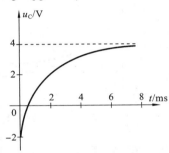

图 7.5.2　例 7.5.1 电路的全响应

$u_C(t)$ 的变化是从初始值 $u_C(0_+)=-2$ V 按指数函数的规律上升到稳态值 $u_C(\infty)=4$ V，

故其曲线的起点坐标为 $(0, -2)$、渐近线为 $u_C = 4$，据此绘出 $u_C(t)$ 的变化曲线如图 7.5.2 所示。

【例 7.5.2】 图 7.5.3 所示电路中，直流电流源 $I_s = 2$ A，$R_1 = 50$ Ω，$R_2 = 75$ Ω，$L = 0.3$ H，开关源为断开。$t = 0$ 瞬间合上开关，用三要素法求换路后的电感电流 $i(t)$ 和电流源电压 $u(t)$，并绘出其变化曲线。

解 （1）求初始值

由换路前的电路得

$$i(0_-) = 0$$

根据换路定律，有

$$i(0_+) = i(0_-) = 0$$

$i = 0_+$ 即换路后的最初瞬间，电感支路无电流视为开路，可求得

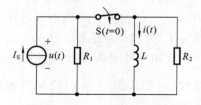

图 7.5.3 例 7.5.2 电路

$$u(0_+) = \frac{R_1 R_2}{R_1 + R_2} I_s = \frac{50 \times 75}{50 + 75} \times 2 \text{ V} = 60 \text{ V}$$

（2）求稳态值

达稳态后，视电感为短路，电流源电流全部通过电感，即

$$i(\infty) = I_s = 2 \text{ A}$$

$$u(\infty) = 0 \text{ V}$$

（3）求时间常数

与电感 L 相连的含源电阻单口的输出电阻为

$$R = \frac{R_1 R_2}{R_1 + R_2} = \frac{50 \times 75}{50 + 75} \text{ Ω} = 30 \text{ Ω}$$

所以时间常数

$$\tau = \frac{L}{R} = \frac{0.3}{30} \text{ s} = 0.01 \text{ s}$$

将求出的三要素代入公式 (7.5.2) 得

$$i(t) = 2 + (0 - 2)e^{-\frac{t}{0.01}} = 2 - 2e^{-100t} \text{ (A)}$$

$$u(t) = 0 + (60 - 0)e^{-\frac{t}{0.01}} = 60e^{-100t} \text{ (V)}$$

$i(t)$、$u(t)$ 的变化曲线如图 7.5.4 所示。

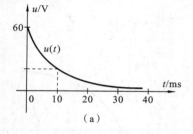
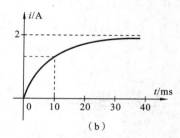

（a）　　　　　　　　（b）

图 7.5.4 例 7.5.2 电路的响应

7.5.2　用三要素法求正弦激励下一阶电路的全响应

图 7.4.1 电路中的激励若为正弦激励 u_s，如图 7.5.5 所示，则电路方程

$$RC \frac{\mathrm{d}u_\mathrm{C}}{\mathrm{d}t} + u_\mathrm{C} = u_\mathrm{S}$$

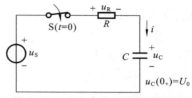

图 7.5.5　RC 电路接通正弦激励

的完全解为

$$u_\mathrm{C} = u_\mathrm{Cp} + u_\mathrm{Ch} = u_\mathrm{Cp}(t) + Ae^{-\frac{t}{\tau}}$$

其中,特解 $u_\mathrm{Cp}(t)$ 即电路的稳态解为一正弦量,可由换路后的正弦稳态求得。

当 $t = 0_+$ 时由上式得

$$u_\mathrm{C}(0_+) = u_\mathrm{Cp}(0_+) + A$$

故得积分常数

$$A = u_\mathrm{C}(0_+) - u_\mathrm{Cp}(0_+)$$

其中,$u_\mathrm{C}(0_+)$ 为电容电压的初始值,计算方法依旧;$u_\mathrm{Cp}(0_+)$ 则是正弦稳态解在 $t = 0_+$ 的瞬时值。

所以,正弦激励下图 7.4.1 所示电路的全响应

$$u_\mathrm{C}(t) = u_\mathrm{Cp}(t) + [u_\mathrm{C}(0_+) - u_\mathrm{Cp}(0_+)]e^{-\frac{t}{\tau}}$$

上式写成一般形式为

$$f(t) = f_\mathrm{p}(t) + [f(0_+) - f_\mathrm{p}(0_+)]e^{-\frac{t}{\tau}} \tag{7.5.3}$$

式(7.5.3)即是用三要素法求正弦激励下一阶电路任一响应的公式。根据式(7.5.3)求某一响应,只需求出该响应的初始值、稳态解及其初始值和时间常数即可。

练习与思考

7.5.1　电路如图 7.5.6 所示,开关闭合以前电路已达稳态,$t = 0$ 时开关 S 闭合,用三要素法求 $u_\mathrm{C}(t)$、$i(t)$ 和 $i_\mathrm{C}(t)$。

7.5.2　如图 7.5.7 所示,开关打开以前电路已达稳态,$t = 0$ 时开关 S 打开。求 $t \geqslant 0$ 时的 $u_\mathrm{C}(t)$、$i_\mathrm{C}(t)$。

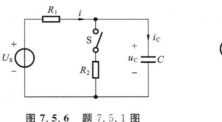

图 7.5.6　题 7.5.1 图

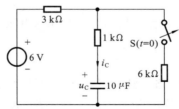

图 7.5.7　题 7.5.2 图

7.6　微分电路和积分电路

电子技术中常利用 RC 电路来实现多种不同的功能。RC 微分电路和积分电路即是 RC 电路充、放电过程应用的例子。

7.6.1　微分电路

图 7.6.1 所示 RC 电路,如果输入信号电压 U_1 为周期性的矩形脉冲,见图7.6.2(a)(本章已用 τ 表示时间常数,故矩形脉冲的宽度用 t_w 表示。图中脉宽 t_w 为周期 T 的一半,即 $t_\mathrm{w} =$

$T/2)$，且电路的时间常数远小于矩形脉冲的周期，即
$$\tau \ll T$$
则取自电阻 R 两端的输出信号 u_o 为正、负相间的尖脉冲，如图7.6.2(c)所绘。此 RC 电路即称为微分电路。下面分析微分电路的工作原理。

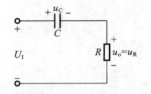

图 7.6.1 RC 微分电路

$t=0$ 瞬间，输入电压从零跃变为 U_{Im}，开始经电阻 R 对电容 C 充电。由于 $\tau \ll T$，充电进行得很快，电容电压迅速从零升至 $u_C = U_{Im}$。在 $0 \leqslant t \leqslant t_w$ 时间内，电容电压的波形为图7.6.2(b)中 u_C 的上升部分。而输出电压
$$u_o = u_R = U_I - u_C$$
其波形可由输入电压和电容电压的波形相减得到，为图7.6.2(c)中横轴上方 u_o 的下降部分。

$t=t_w$ 瞬间，输入电压从 U_{Im} 跃变为零，电容 C 开始经电阻 R 放电。由于 $\tau \ll T$，放电同样进行得很快，电容电压迅速从 U_{Im} 下降到零。在 $t_w \leqslant t \leqslant T$ 时间内，电容电压的波形为图 7.6.2(b)中 u_C 的下降部分。而输出电压
$$u_o = U_I - u_C = 0 - u_C = -u_C$$
其波形与电容电压 u_C 的波形关于横轴对称，为图7.6.2(c)中横轴下方 u_o 的上升部分。

以后的过程周而复始，于是从电阻 R 两端得到的输出信号即是周期性的正、负相间的尖脉冲电压。

从图 7.6.2 可看到，电容电压的波形与输入信号的波形十分接近，即 $u_C \approx U_I$，所以输出电压

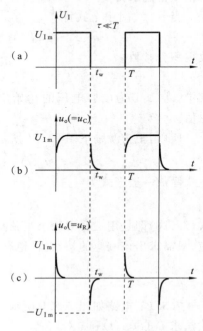

图 7.6.2 微分电路的信号波形

$$u_o = u_R = Ri = RC\frac{du_C}{dt} \approx RC\frac{dU_I}{dt}$$

上式表明，电路的输出电压与输入电压的导数成正比，所以称这一 RC 电路为微分电路。

7.6.2 积分电路

如果 RC 电路的输入信号仍为周期性的矩形脉冲电压 U_I，见图 7.6.3(a)，但时间常数 $\tau \gg T$ 且输出信号 u_o 取自电容 C 的两端，如图 7.6.4 所示，则此 RC 电路称为积分电路。下面分析积分电路的工作原理。

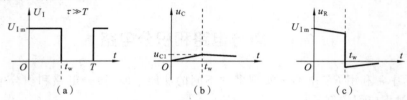

图 7.6.3 积分电路的信号波形

$t=0$ 瞬间，输入电压从零跃变为 U_{Im}，开始经电阻 R 对电容 C 充电。由于 $\tau \gg T$，充电进行得很慢，电容电压从零缓慢上升，至 $t=t_w$ 时，电容电压仅微升至 U_{C1}。此时输入电压从 U_{Im} 跃变为零，充电过程被迫中止，电路转而进入放电过程。在 $0 \leqslant t \leqslant t_w$ 时间内，输出电压即电容

电压的波形为图 7.6.3(b) 中 u_o 的缓慢上升部分。

在 $t_w \leqslant t \leqslant T$ 时间内，由于 $\tau \gg T$，放电同样进行得很慢，电容电压从 U_{C1} 缓慢下降。到 $t = T$ 时，u_C 尚未降至零，输入电压又跃变为 U_{Im}，使放电中止，电路再度进入充电过程。这段时间内，输出电压即电容电压的波形为图 7.6.3(b) 中 u_C 的缓慢下降部分。

从图 7.6.3 可看到，在 $0 < t < t_w$ 时间内，由于电容电压增加不多，电阻电压

$$u_R = U_I - u_C \approx U_I$$

所以输出电压

$$u_o = u_C = \frac{1}{C}\int i\,dt = \frac{1}{C}\int \frac{u_R}{R}\,dt \approx \frac{1}{RC}\int U_I\,dt$$

上式表明，电路的输出电压与输入电压的积分成正比，所以称这一 RC 电路为积分电路。从图中可见，当输入信号为周期性的矩形脉冲时，从电容 C 两端得到的输出信号将是线性增长的三角形电压。

图 7.6.4　RC 积分电路　　　　　图 7.6.5　RC 耦合电路

若 RC 电路同样满足条件 $\tau \gg T$，但输出信号取自电阻两端，如图 7.6.5 所示，则当输入信号为周期性的矩形脉冲，且电路达到充、放电的稳定状态以后，输出电压的波形与输入波形在形状上十分相似，只是不再含有恒定分量，恒定分量几乎全部降在电容两极，如图 7.6.6 所示。此时，由于电容 C 的隔直作用，从电阻 R 两端输出的基本上只是输入信号中的交流分量，RC 电路即成为放大器中常用的阻容耦合电路。

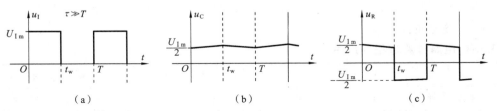

图 7.6.6　耦合电路的信号波形

练习与思考

7.6.1　微分电路、积分电路和耦合电路都可以用 R、C 来构成，三种电路的区别在哪里？

本 章 小 结

1. 过渡过程和换路定律

(1) 电路的接通或切断、激励或参数的突变等称为换路。含储能元件的电路中如果发生换路，则电路将从换路前的稳定状态经历一段过渡过程达到另一新的稳定状态。

(2) 换路定律。实际电路中电容电压不能跃变；电感电流也不能跃变。u_C、i_L 的这一规律

也适合于换路瞬间,即换路瞬间

$$u_C(0_+) = u_C(0_-)$$
$$i_L(0_+) = i_L(0_-)$$

这就是换路定律。换路定律是确定过渡过程初始值的依据。

2. 一阶电路的过渡过程及其三要素法

(1) 一阶电路的时间常数。

只含一个储能元件的线性电路称为一阶电路,其过渡过程的快慢取决于电路的时间常数 τ。RC 电路的时间常数 $\tau = RC$;RL 电路的时间常数 $\tau = L/R$。如果换路后与动态元件连接的是一个多元件的线性含源电阻单口,则 $\tau = RC$ 或 $\tau = \dfrac{L}{R}$ 中的 R 应理解为该含源电阻单口的输出电阻。

(2) 一阶电路的全响应。

一阶电路的全响应即一阶电路在非零初始状态和外施激励共同作用下的响应,它等于由电路的初始状态单独作用所引起的零输入响应和由外施激励单独作用所引起的零状态响应之和。这正是叠加定理的体现。

(3) 三要素法。

① 用三要素法求直流激励下一阶电路的全响应的公式为

$$f(t) = f(\infty) + [f(0_+) - f(\infty)]e^{-\frac{t}{\tau}}$$

其中,$f(t)$ 表示一阶电路的任一响应,$f(0_+)$、$f(\infty)$ 分别表示该响应的初始值和稳态值。上式也可用来求一阶电路的零输入响应和直流激励下一阶电路的零状态响应。

② 用三要素法求正弦激励下一阶电路任一响应的公式为

$$f(t) = f_p(t) + [f(0_+) - f_p(0_+)]e^{-\frac{t}{\tau}}$$

式中,$f(t)$ 表示一阶电路的任一响应;$f(0_+)$、$f_p(t)$ 分别表示该响应的初始值和稳态解,而 $f_p(0_+)$ 为稳态解的初始值。

3. RC 电路过渡过程的应用

	输入波形	时间常数	输出信号	输出波形
微分电路	矩形波电压(周期为 T,脉宽为 t_w)	$\tau \ll T$	u_R	正负相间的尖脉冲
积分电路	同上	$\tau \gg T$	u_C	线性增长的三角波
耦合电路	同上	$\tau \gg T$	u_R	输入信号中的交流分量

习 题 七

7.1 电路如图 7.1 所示,换路前开关 S 合至"1"位已久,$t=0$ 瞬间 S 从"1"换接至"2"。已知 $U_S = 20$ V,$R_1 = 8$ Ω,$R_2 = 2$ Ω。(1) 判断各电路有无过渡过程;(2) 对有过渡过程的电路,求 $u_C(0_+)$。

7.2 电路如图 7.2 所示,$t=0$ 瞬间开关 S 从"1"合至"2",换路前电路已处于稳态。(1) 判断各电路有无过渡过程;(2) 对有过渡过程的电路,求 $u_C(0_+)$ 或 $i_L(0_+)$。

7.3 电路如图 7.3 所示,S 闭合时电路已处于稳态,$t=0$ 瞬间 S 断开。已知 $U_S =$

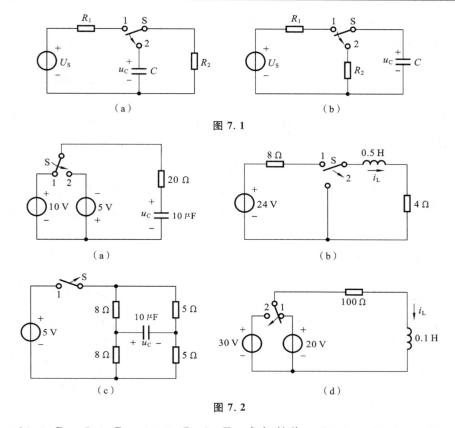

图 7.1

图 7.2

16 V, $R_1=10\ \Omega$, $R_2=5\ \Omega$, $R_3=30\ \Omega$, $C=1\ \mu$F。求初始值 $u_C(0_+)$、$i_1(0_+)$，$i_3(0_+)$。

7.4　电路如图 7.4 所示，$t=0$ 瞬间 S 闭合，S 闭合前电路已处于稳压。求 $t>0$ 时的 $i_C(t)$ 和 $i(t)$。

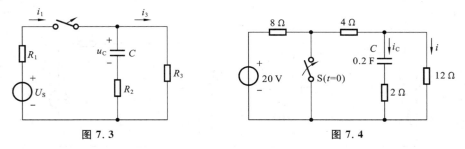

图 7.3　　　　　　　　　　图 7.4

7.5　图 7.5 所示电路换路前已处于稳态，$t=0$ 瞬间 S 闭合，求 $t>0$ 时的 i_L、i_2 和 u_L。

7.6　求图 7.6 所示电路换路后的零状态响应 $i(t)$，并绘出波形图。

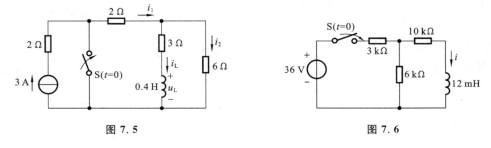

图 7.5　　　　　　　　　　图 7.6

7.7 电路如图 7.7 所示，$t=0$ 瞬间开关闭合，求 $t>0$ 时的 $u_C(t)$、$i(t)$。

7.8 图 7.8 所示电路换路前已处于稳态，$t=0$ 瞬间 S 闭合，求 $t>0$ 时的 $u_C(t)$，并绘出波形图。

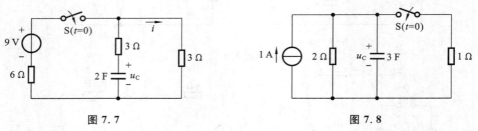

图 7.7   图 7.8

7.9 电路如图 7.9 所示，换路前电路已处于稳态，$t=0$ 瞬间换路，求 $t>0$ 时的 $i_L(t)$，并绘波形图。

7.10 电路如图 7.10 所示，换路前电路已处于稳态，$t=0$ 瞬间 S 断开。求 $t>0$ 时的 $u_C(t)$ 和 $i_C(t)$。

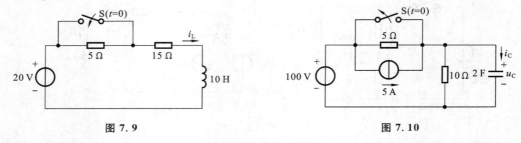

图 7.9   图 7.10

7.11 电路如图 7.11 所示，换路前电路已处于稳态，$t=0$ 瞬间 S 闭合。求 $t>0$ 时的 $u_C(t)$ 和 $i(t)$。

7.12 电路如图 7.12 所示，已知 $u_C(0_-)=1\text{ V}$，$t=0$ 瞬间开关 S 闭合。用三要素法求 $t>0$ 时的 $u_C(t)$ 和 $i(t)$。

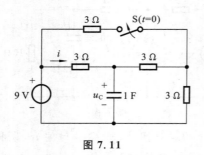

图 7.11

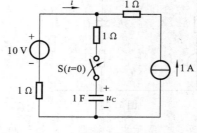

图 7.12

7.13 图 7.13 所示电路换路前开关 S 合在"1"位已久，$t=0$ 瞬间 S 由"1"合至"2"，求：
（1）$t>0$ 时电容的电压、电流，并绘出其波形；
（2）换路瞬间和达到新的稳态后电容储存的能量。

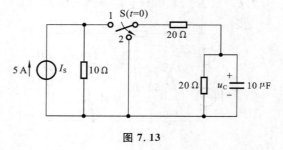

图 7.13